75 Jahre Berliner S-Bahn

Strom statt Dampf!

Die Große Zeit der Elektrisierung

Aktualisierte Beiträge
zur Entstehung des Berliner S-Bahn-Systems
aus der Zeitschrift
Verkehrsgeschichtliche Blätter (Jahrgänge 1971 bis 1983)

Herausgegeben zum 75jährigen Bestehen
des Vorortverkehrs mit elektrischen Zügen
zwischen Berlin und Bernau

Verkehrsgeschichtliche Blätter
vb extra

Verlag GVE

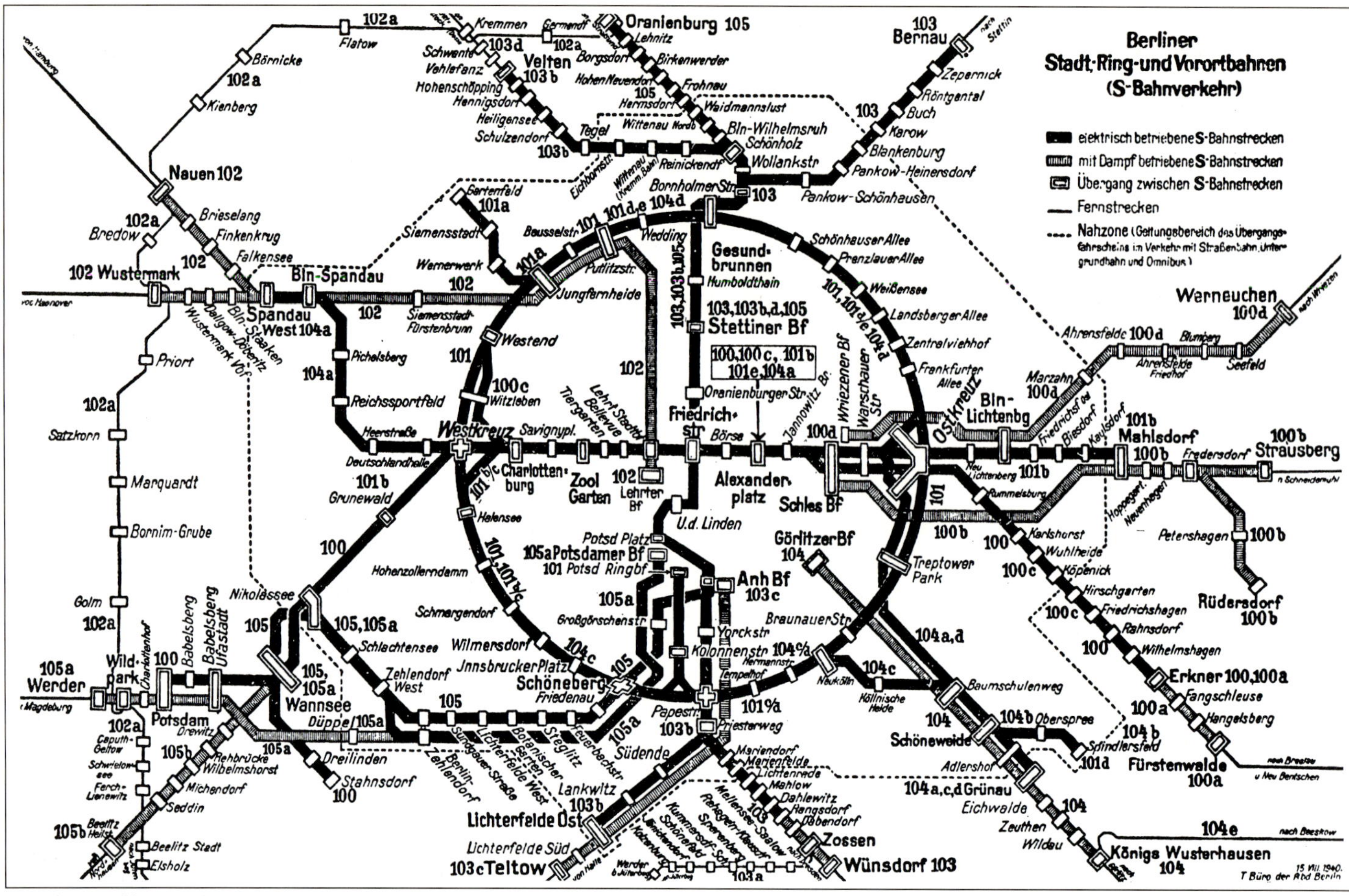

Mit der Eröffnung des elektrischen Streckenabschnittes Lichterfelde Ost – Lichterfelde Süd am 9. August 1943 erreichte das Berliner S-Bahn-Streckennetz seine größte Ausdehnung vor Ende des Zweiten Weltkrieges. Kursbuchkarte (Stand 15. August 1940), Sammlung Gottwaldt.

Impressum

Verkehrsgeschichtliche Blätter e.V.: 75 Jahre Berliner S-Bahn. Strom statt Dampf! Die Große Zeit der Elektrisierung.
Verlag: Gesellschaft für Verkehrspolitik und Eisenbahnwesen e.V. (GVE).
Berlin 1999.

Titelbild: Der fabrikneue Stadtbahn-Wagen 2185 (später ET 165 037) vor märkischen Kiefern im Raw Schöneweide. Siemens-Schuckert-Werkfoto vom 14. März 1928, Sammlung Gottwaldt.

Redaktion: Peter Bock (V.i.S.d.P.)

Bild-, Autoren- und Quellennachweis: Die Angaben finden sich in den Kapiteln und bei den Dokumenten.

Gestaltung: Frank Böhnke, Karl-Heinz Gräßer, Dieter Kaddoura.

Druck: Oktoberdruck GmbH, 10999 Berlin-Kreuzberg.

Herstellung, Verlag und Vertrieb: GVE e.V., S-Bahnhof Jannowitzbrücke, G 9, 10179 Berlin. Fax: 030 / 78 70 55 10.

ISBN: 3-89218-275-2.

Inhaltsverzeichnis

Einleitung **5**
Von Peter Bock

Elektrische Zugförderung auf der Wannseebahn **7**
Der Versuchsbetrieb von 1900 bis 1902
Von Dietrich Kutschik (vb 1971, Seite 3 bis 9)

Der Lichterfelder Versuchsbetrieb **11**
Elektrisch auf der Anhalter Bahn von 1903 bis 1929
Von Hans-Joachim Hütter (vb 1979, Seite 132 bis 139)

Zwischen Schöneweide und Spindlersfeld **19**
Der elektrische Versuchsbetrieb von 1903 bis 1906
Von Hans-Joachim Hütter (vb 1983, Seite 81 bis 85)

Dampf contra Elektrizität **23**
Vom Widerstreit zwischen Wirtschaftlichkeit und Fortschritt
Von Dietrich Kutschik (vb 1978, Seite 38 bis 40)

Die ersten elektrischen Berliner S-Bahn-Wagen **26**
Versuchszüge für die Stadt-, Ring- und Vorortbahnen Berlins
Von Hans-Joachim Hütter (vb 1975, Seite 25 bis 35)

Die Hauptwerkstatt Schöneweide **34**
Ein Ausbesserungswerk für die Züge der Berliner S-Bahn
Von Hans-Joachim Hütter (vb 1977, Seite 124 bis 136)

Von Charlottenburg nach Schlesischer Bahnhof **41**
Die bauliche Umrüstung der Stadtbahn
Von Hans-Jochen Müller (vb 1978, Seite 40 bis 44)

S-Bahn-Klassiker **46**
Die elektrischen S-Bahn-Wagen des Typs „Stadtbahn"
Von Hans-Joachim Hütter (vb 1978, Seite 44 bis 49)

Signalverbindungen **52**
Das Signalsystem der Stadtbahn von 1928
Von Bernd Kuhlmann (vb 1978, Seite 50 bis 57)

Neue betriebliche Vorschriften **62**
Die Betriebsführung nach der „Großen Elektrisierung"
Von Bernd Kuhlmann (vb 1978, Seite 57 bis 64)

Die Strecke Velten – Hennigsdorf **70**
Porträt einer (fast) vergessenen S-Bahn-Verbindung
Von Roland Ebert und Hans-Joachim Hütter (vb 1983, Seite 122 bis 136)

vb Verkehrsgeschichtliche Blätter

BEITRÄGE ZU VERKEHRSTHEMEN
IM RAUM BERLIN / BRANDENBURG
und darüber hinaus
- Bahnen, Busse, Schiffe
- Strecken- und Linienchroniken
- Netzentwicklungen
- Stadtgeschichtliches
- Verkehrsbauten
- Jubiläen, Eröffnungsfeste
- Statistiken
- Kurzinformationen
- Rezensionen

recherchiert, gesichtet und aufgeschrieben von Freunden des Verkehrswesens für Freunde des Verkehrswesens.

AUSWAHL VON BEITRÄGEN DES JAHRGANGES 1998:

PETER BOCK
Zwischen Stralau und Rixdorf
130 Jahre südöstliche Ringbahn

DIRK WINKLER
Züge der Zeit
Novemberrevolution und Kapp-Putsch
Berliner Verkehr im Spiegel der Ereignisse der Jahre 1918 bis 1923

HANS-JOACHIM HÜTTER
70 Jahre „Stadtbahner"

PETER LIETZ
Jungbrunnen für eine alte Dame
Die Berliner Stadtbahn ist saniert

GERHARD ZEITZ
Über den Barnim ins Oderbruch
100 Jahre Eisenbahnstrecke Berlin – Wriezen

WOLF-DIETGER MACHEL
100 Jahre Altlandsberger Kleinbahn

BERND KUHLMANN
S-Bahn-Tarif für 24 Stunden
Der Ein-Tages-Tarif der Berliner S-Bahn am 10. Mai 1949

REINER BRANDHORST
Sonderzug um Mitternacht
1. Juli 1898, 0.00 Uhr: neuer Bahnhof in Eichwalde

HANS-JOACHIM POHL
Der verlorene Transport

Jahresbezugspreis
für 6 Hefte
27.00 DM
(Ausland 32.00 DM)
einschließlich
Mehrwertsteuer
und Versandkosten
Einzelheft 4.90 DM.
Bestellungen bei:
Jürgen Rosinsky
Albrechtstraße 17
D-16556 Borgsdorf

Einleitung 75 Jahre Berliner S-Bahn

Von Peter Bock

Am 24. August 1999 jährt sich der Beginn des Regelbetriebes mit elektrischen Zügen zwischen Berlin Stettiner Bahnhof und Bernau zum 75. Male. Autoren, Redaktion und Verlag möchten mit dieser Publikation an die Anfangszeit der S-Bahn-Ära erinnern. Begleiten wir die Berliner S-Bahn ein kleines Stück auf ihrem langen Weg durch die Geschichte und wünschen wir ihr auch für die Zukunft weiterhin gute Fahrt.

Schon 1838 verband die erste Eisenbahnstrecke in Preußen die beiden Residenzstädte Berlin und Potsdam. Ab diesem historischen Zeitpunkt setzte ein rascher Ausbau des von Berlin radial ausgehenden Eisenbahnnetzes ein. Im Jahre 1879 endete mit der Inbetriebnahme der Wetzlarer Bahn (über Wannsee und Güsten bis Blankenheim) als der elften von Berlin ausgehenden Fernlinie der Bau der Radialstrecken, und letztlich wurde diese Eisenbahnepoche mit der Eröffnung der Berliner Stadtbahn, quer durch die Stadt zwischen Charlottenburg und Schlesischem Bahnhof, im Jahre 1882 abgeschlossen. Dieses organisch gewachsene Bahnsystem ergänzte man später mit dem Bau weiterer Neben-, Privat- und Kleinbahnen.

Nach der Reichsgründung im Jahre 1871 erforderte die dynamische Entwicklung der Hauptstadt den verstärkten Ausbau des Berliner Eisenbahnnetzes, um dem zunehmenden Güter- und Personenverkehr gewachsen zu sein. Schon bald waren die Industriestandorte und Wohnsiedlungen über den Einzugsbereich der Ringbahn hinausgewachsen und ließen die Beförderungsleistungen vor allem im Personennahverkehr rasch ansteigen. Nachdem der Vorortverkehr anfänglich mit besonderen Personenzügen auf den vorhandenen Ferngleisen durchgeführt wurde, baute man später parallel zu den Fernstrecken besondere Vorortgleise. Die Stadtbahn wurde deshalb von Anfang an viergleisig ausgelegt. Der am 1. Oktober 1891 eingeführte Tarif galt bereits für die Berliner Stadt-, Ring und Vorortbahnen und trug zur Popularität dieses modernen Bahn- und Tarifverbundsystems bei.

Bereits um die Jahrhundertwende hatten die im Dampfbetrieb erbrachten enormen Beförderungsleistungen einen Umfang erreicht, der erste Überlegungen für die Umstellung des Personennahverkehrs auf elektrischen Zugbetrieb auslöste. Mehrere elektrische Versuchsbetriebe – über die in den nachfolgenden Beiträgen zu berichten sein wird – erfüllten überwiegend die in sie gesetzten Erwartungen. Bedingt durch den Ausbruch des Ersten Weltkrieges mußten die Vorbereitungen zur Einführung des elektrischen Betriebes unterbrochen werden. Doch schon kurz nach Kriegsende ordnete der Minister der öffentlichen Arbeiten im Dezember 1918 an, unverzüglich mit der Planung für eine Elektrifi-

Das alte Dampflok-Bahnbetriebswerk Lichtenberg-Friedrichsfelde wurde 1928 zum Domizil der neuen „Stadtbahner". Links im Bild befindet sich der neue Langschuppen für die elektrischen Züge, der noch heute in Betrieb ist. Foto: Sammlung Gottwaldt

46 Jahre dampften Lokomotiven mit Nahverkehrszügen über die Berliner Stadtbahn. Nach der Gründung der Deutschen Reichsbahn (DR) im Jahre 1920 verschlug es auch ehemalige Länderbahn-Lokomotiven nach Berlin. Hier eine badische VIc ^{8} (spätere Baureihe 75 $^{10-11}$) mit einem Stadtbahnzug am Bahnhof Zoologischer Garten. Foto: Sammlung Gottwaldt

zierung der Vorortstrecken vom Stettiner Vorortbahnhof nach Bernau und nach Hermsdorf zu beginnen. Die Vorortgleise wurden mit seitlichen Stromschienen für einen Gleichstrombetrieb mit 800 Volt Spannung ausgerüstet, nachdem anfängliche Überlegungen für einen Oberleitungsbetrieb mit Wechselstrom 15 Kilovolt, 16 $^{2}/_{3}$ Hertz verworfen worden waren. Am 8. August 1924 war es dann soweit. Erstmals verkehrten elektrische Triebwagenzüge zwischen dem Stettiner Vorortbahnhof in Berlin und Bernau (Mark). Dieses Datum gilt als „Geburtsstunde" der Berliner S-Bahn, wie sie den Berlinern mit ihren rot-gelben Zügen und dem unverkennbaren Logo – ein weißes S auf grünem Grund – vertraut ist, ja von ihnen geradezu geliebt wird.

Nun setzte eine stürmische Entwicklung ein. Nach der Elektrifizierung der übrigen beiden Nordstrecken nach Velten (Mark) und Oranienburg wurde in den Jahren 1926/29 im Rahmen der „Großen Stadtbahn-Elektrisierung" der größte Teil des Netzes elektrifiziert und damit eine bemerkenswerte Leistung vollbracht. Im Dezember 1930 verwendete die Deutsche Reichsbahn-Gesellschaft erstmals den Begriff S-Bahn (für Schnellbahn). Ausbau und Modernisierung setzten sich bis zum Jahre 1944 fort, ehe der gesamte Berliner S-Bahn-Verkehr im Frühjahr 1945 zusammenbrach.

Nach der Wiederherstellung der kriegsbeschädigten Strecken, Anlagen und Fahrzeuge geriet auch die Berliner S-Bahn – von Ost-Berlin aus gelenkt, doch durch alle vier Sektoren grenzenlos fahrend – in den Strudel des Kalten Krieges. Der Streik der West-Berliner Eisenbahner im Mai/Juni 1949, von der östlichen Seite als „UGO-Putsch" bezeichnet, die einschneidende Spaltung der Stadt und des S-Bahn-Netzes am 13. August 1961 und der daraus resultierende Boykott der S-Bahn im Westteil der Stadt, der Streik der West-Berliner S-Bahner und die Einstellung des Betriebes auf zahlreichen Strecken im September 1980, letztlich die Übernahme der S-Bahn in West-Berlin durch den Senat 1984 und die Ausweitung des Netzes bis in die neuen, nordöstlichen Stadtbezirke – nach dem Zweiten Weltkrieg war die S-Bahn aufs engste verknüpft mit der politischen Entwicklung der Viermächtestadt Berlin. Und dann trat ganz plötzlich das vorher Unvorstellbare ein: Über Nacht fiel die Mauer. Die Ereignisse überschlugen sich, und die S-Bahn beförderte und verband die Menschen, die nun von Ost nach West und umgekehrt strömten. Schon am 2. Juli 1990 (morgens zu Betriebsbeginn) rollte nach mehr als 28 Jahren der Teilung erstmals wieder ein durchgehender S-Bahn-Zug zwischen Ostkreuz und Westkreuz.

Seither ist fast ein Jahrzehnt vergangen und unsere S-Bahn erlebt eine Renaissance. Der Begriff „Lückenschluß" ist geradezu ein Modewort für Reisende und Eisenbahner geworden. Erneuerte Strecken, restaurierte Bahnhöfe, modernisierte Anlagen und schicke, zeitgemäße Fahrzeuge prägen heute das Erscheinungsbild der Berliner S-Bahn. Welch langer Weg liegt zwischen den ersten Versuchszügen der zwanziger Jahre und den neuesten S-Bahnen der Baureihe 481/482!

Doch nun: Bitte einsteigen! – Zu ... rückbleiben! Die Aufsicht gibt per Funk den Abfahrauftrag; Warnlampen leuchten auf, das Daadüüdaa-Signal ertönt ... Oder hebt da eine Aufsicht die „Kelle"? Klopft nicht eben ein Zugschaffner ans Seitenfenster: „Schließen!", schwingt sich ins Dienstabteil und signalisiert per Knopfdruck: „Abfahren!" und schon ....

... Und schon beginnt unsere Fahrt in die Vergangenheit!

Elektrische Zugförderung auf der Wannseebahn
Der Versuchsbetrieb von 1900 bis 1902

Von Dietrich Kutschik (vb 1971, Seite 3 bis 9)

Um die Jahrhundertwende boten einige Elektrofirmen den Preußischen Staatsbahnen die Elektrifizierung der Berliner Stadt-, Ring- und Vorortbahnen an, um ihnen die Vorteile der elektrischen Traktion der Bahnen deutlich zu machen. Als Demonstrationsobjekt stellte die preußische Staatsbahn die Wannseebahn vom Wannseebahnhof, einem Teil des Potsdamer Fernbahnhofs in Berlin, bis nach Zehlendorf zur Verfügung. Die zwölf Kilometer lange Strecke wurde mit seitlichen Stromschienen ausgerüstet und hatte sechs Stationen. Der Versuchsbetrieb begann am 1. August 1900. Der elektrische Zug fuhr 15mal pro Tag zwischen den Dampfzügen im gleichen Fahrplan.

Zu Beginn des Versuchsbetriebes wurde die Zahl der Züge gegenüber dem Fahrplan eingeschränkt, um die nötige Zeit für die Unterhaltungs- und Erprobungsarbeiten zu erhalten. Um möglichst wenig von dem vorhandenen Dampfbetrieb abzuweichen, bestimmte die Preußische Staatsbahn, daß der Versuchszug die gleiche Platzanzahl in beiden Wagenklassen wie die Dampfzüge haben mußte. Der Versuchszug bestand ebenfalls aus zehn Wagen der gleichen Wannseebahn-Bauart, die auch die Dampfzüge führten, und besaß eine Masse von 193 Tonnen. Dagegen betrug die Leermasse des Dampfzuges einschließlich der Lokomotive zwischen 215 und 218 Tonnen, also rund 25 Tonnen mehr.

Der Versuchszug bestand aus vier dreiachsigen Abteilwagen zweiter Klasse, drei dreiachsigen Abteilwagen dritter Klasse und einem zweiachsigen Abteilwagen dritter Klasse sowie den beiden dreiachsigen Triebwagen dritter Klasse. Die Triebwagen waren als Spitzen- und Schlußwagen in den Zug eingestellt. Sie entsprachen ebenfalls der Wannseebahn-Bauart, hatten aber in der Hauptwerkstatt Tempelhof eine Verstärkung des Tragwerks und der Achsen erhalten. Die drei Achsen der Triebwagen wurden durch drei Fahrmotore angetrieben.

Der Versuchszug hatte folgende Achsfolge:

Co	+	4 x 3	+	2	+	3 x 3	+	Co
ET	+	4 EB	+	EB	+	3 EB	+	ET
3.		2.		3.		3.		3. Klasse

Die Elektroenergie wurde über eine dritte Schiene, die seitlich parallel zum Gleis angeordnet war, zugeführt. Es erwies sich als vorteilhaft für die Rückspeisung, beide Fahrschienen zu benutzen. Die Versuche ergaben weiterhin, daß ein Zug gleichzeitig gezogen oder geschoben werden konnte.

Beide Triebwagen hatten die gleiche elektrische Ausrüstung. Jede Achse der Triebwagen wurde von einem Hauptstrommotor (Reihenschlußmotor) angetrieben. Die Motoren waren untereinander dauernd parallel geschaltet. Die Anker der Motoren wurden auf der Achse festgekeilt. Die zweiteiligen Statoren der Fahrmotoren waren bei einem Triebwagen über eine Hebelanordnung am Wagenuntergestell unabgefedert befestigt, während die Gehäuse der Fahrmotore beim anderen Triebwagen außerdem noch über Federn am Untergestell aufgehängt waren. Die Federn wurden soweit gespannt, daß die Radsätze bei normalem Pufferstand vom Gewicht des Stators entlastet wurden.

Die freien Lenkachsen wurden für die Triebwagen beibehalten, so daß die Übertragung der Zugkräfte von den Achsbuchsen nicht auf die Achshalter, sondern über die Tragfedern und deren Gehäuse auf das Untergestell erfolgten.

Elektrischer Triebwagenzug für den Versuchsbetrieb auf der Wannseebahn in der Abstellanlage des Potsdamer Außenbahnhofs in Berlin. Im Hintergrund die Brücke der Hochbahn. Aus: Hundert Jahre deutsche Eisenbahnen, 1938.

Technische Daten des Versuchszuges

Lfd. Nr.	Bezeichnung	technische Einheit	Wagen 2. Klasse	Wagen 3. Klasse	Wagen 3. Klasse	Triebwagen 3. Klasse	Triebzug gesamt
1	Achsfolge	–	3	3	2	Co	s. o.
2	Betriebsnummer	–	–	–	–	2481/2482	–
3	Höchstgeschwindigkeit	km/h	–	–	–	60	–
4	Art der Energiezuführung	–	–	–	–	Stromschiene	–
5	Stromart	–	–	–	–	Gleichstrom	–
6	Spannung	Volt (V)	–	–	–	00:00	–
7	Länge über Puffer	mm	12 200	11 800	9 700	11 800	117 500
8	Länge des Wagenkastens	mm	10 900	10 500	8 400	10 500	–
9	Fahrgastraumbreite	mm	2 470	2 470	2 470	2.470	2.470
10	Gesamtachsstand	mm	3 250 + 3	3 250+ 3	–	3.250 + 3	–
			3 250	3.250		3 250	–
11	Gesamtachsabstand	mm	6 500	6 500	4 600	6 500	–
12	Treibraddurchmesser	mm	–	–	–	1 000	–
13	Laufraddurchmesser	mm	1 000	1 000	1 000	1 000	–
14	Fahrzeugmasse leer	kg	17 500	16 500	10 500	x) 33 000	193 000
						x) 30 000	
15	Fahrzeugmasse besetzt	kg	–	–	–	–	220 000
16	Anzahl der Sitzplätze		42	50	44	29	420
	2. Klasse		–	–	–	–	168
	3. Klasse		–	–	–	–	252
17	Zahl der Stromabnehmer	–	–	–	–	6	12
18	Zahl der Fahrmotoren	–	–	–	–	3	6
19	Anfahrleistung	kW	–	–	–	–	750
20	Dauerleistung je Motor	kW	–	–	–	51,5	309
	gesamt		–	–	–	154,5	–
21	größte Anfahrzugkraft	kp	–	–	–	–	6 000
22	Fahrstufen		–	–	–	14	14
23	maximale Beschleunigung	m/s^2	–	–	–	–	0,24
24	mittlere Beschleunigung	m/s^2	–	–	–	–	0,11

Alle Wagen mit elektrischer Beleuchtung, Dampfheizung und Westinghouse-Bremse. Für den mechanischen Teil verschiedene Hersteller, für den elektrischen Teil Siemens & Halske.
x) Der Gewichtsunterschied des Triebwagens erklärt sich durch den Heizkessel im Triebwagen 2481.

Jeder der sechs Fahrmotoren konnte während des Anfahrens mit einer Stromstärke von 200 A belastet werden, so daß die beiden Triebwagen bei einer Motorklemmenspannung von 600 V eine kurzzeitige Leistung von 720 kW leisteten.

Jeder Triebwagen hatte einen Führerstand. Die Stirnwand war über die gesamte Breite mit Fenstern versehen, so daß der Triebwagenführer die Strecke frei überblicken konnte. In der Mitte des Führerstandes wurde vor der Stirnwand der Fahrschalter angebracht, ähnlich dem eines Straßenbahn-Fahrschalters. Er bestand aus zwei senkrecht stehenden Walzen; die rechte diente zur Steuerung und die linke zur Geschwindigkeitsregelung des Zuges. Die Steuerwalze gestattete sechs verschiedene Schaltstufen:

Stellung 1 vorwärts mit beiden Triebwagen,
Stellung 2 vorwärts mit Triebwagen an der Zugspitze,
Stellung 3 vorwärts mit Triebwagen am Zugschluß,
Stellung 4 Bremsen mit Triebwagen an der Zugspitze,
Stellung 5 rückwärts mit Triebwagen an der Zugspitze,
Stellung 6 aus

Unter normalen Verhältnissen war bei Vorwärtsfahrt die Steuerwalze des Spitzen-Triebwagens auf Stellung 1 und im Triebwagen am Schluß auf der Stellung 6. Die Stellung 6 umfaßte bei Vielfachsteuerung im Endtriebwagen die Schaltung der Motore auf Rückwärtsfahrt. Vom Endtriebwagen aus war es bei der genannten Stellung der Steuerwalze nicht möglich, den Zug zu bewegen. Die Schaltstellung 1 bis 5 ermöglichte dem Triebwagenführer mit 14 Schaltstufen den Zug zu fahren. Beim Anfahren wurden die Motorgruppen hintereinander, nach Erreichen einer bestimmten Geschwindigkeit parallel geschaltet. Dabei blieben die drei Motoren eines Wagens immer parallel geschaltet.

Von den sechs Stromabnehmern jedes Triebwagens führte der Strom über eine besondere Leitung durch den ganzen Zug zur positiven Klemme des vorderen Triebwagens. Von hier aus durchlief der Strom (zum Beispiel bei Hintereinanderschaltung) die Sicherungen, den Wattstundenzähler, den selbsttätigen Ausschalter, die Amperemeter, den Fahrschalter, die Widerstände, die Motorsicherungen, die Anker- und Magnetwindungen, die zweiten Widerstände des ersten Wagens und lief dann durch die Verbindungsleitung zum Fahrschalter des hinteren Triebwagens. Von hier aus gelangte er durch die Motore, die Magnetgehäuse, deren Lager, die Achsen und die Triebräder zur Fahrstromrückleitung.

Die Vorschaltwiderstände aus gewelltem Blech waren auf dem Dach und unter dem Wagenboden des Triebwagens angeordnet.

Fahr- und Haltezeiten zwischen Berlin Wannseebahnhof und Zehlendorf

Abstand zwischen den Stationen (km)	Strecken-kilometer	Stationen	Fahrzeit Hinfahrt (Min.)	Haltezeit (Min.)	Fahrzeit Rückfahrt (Min.)	Haltezeit (Min.)
	0,00	**Wannseebahnhof**				
1,90			3,5		4,5	
	1,90	**Groß-Görschenstraße**		0,5		0,5
2,78			4,5		4,5	
	4,68	**Friedenau**		1,0		1,0
2,17			4,0		4,0	
	6,85	**Steglitz**		0,5		0,5
2,39			4,0		4,0	
	9,24	**Groß Lichterfelde**		0,5		0,5
2,74			4,5		4,5	
	11,98	**Zehlendorf**				
			20,5	2,5	21,5	2,5
		Gesamtreisezeit		**23 Min.**		**24 Min.**

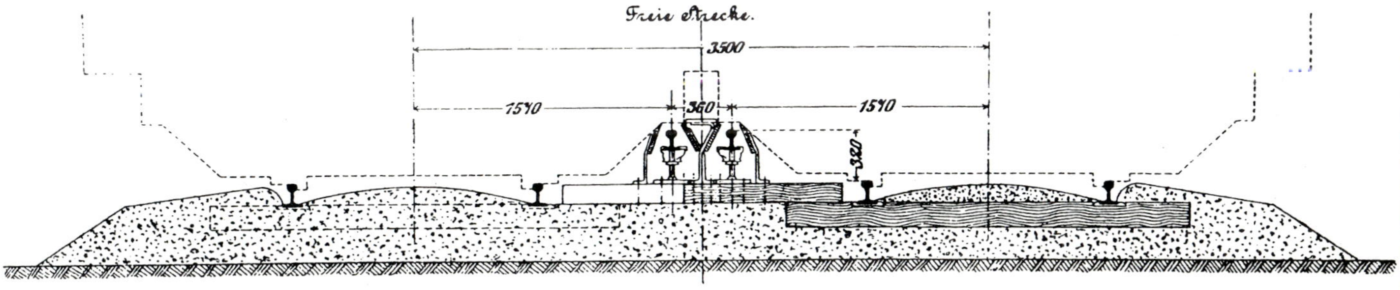

Gleisprofil und Stromschienenanordnung auf der freien Strecke.
Zeichnung Sammlung Bock

Die Regelung war so ausgelegt, daß nur die Widerstände des führenden Triebwagens beim Anfahren benutzt wurden.

Die Luftpumpe für die Westinghouse-Bremse im Führerstand wurde über ein Getriebe durch einen Elektromotor angetrieben. Der Motor schaltete sich selbsttätig ein, sobald der Luftdruck im Luftbehälter unter 6,5 bar gesunken war; bei 8 bar im Luftbehälter schaltete er wieder automatisch aus.

Die Bremsanordnung der Triebwagen unterschied sich nicht von denen der Beiwagen. Es mußte nur die Luftleitung jeweils um die Motorgestelle gelegt werden. Neben der Druckluftbremse besaßen die Triebwagen noch eine Handbremse und eine mittels Fahrschalter zu bedienende elektrische Kurzschlußbremse.

Die Leitungen der einzelnen Stromkreise für die Beleuchtung der Wagen lagen zwischen der durchlaufenden Stromabnehmerleitung und dem Wagenuntergestell. In jedem Stromkreis waren sechs Glühlampen für 110 Volt hintereinandergeschaltet.

Zum Heizen des Zuges wurde im Triebwagen Nr. 2481 ein mit Kohle beheizter Kessel für die Dampfheizung eingebaut.

Den Gleichstrom für den elektrischen Zugbetrieb lieferte das Kraftwerk Groß Lichterfelde. Der Gleichstrom wurde mit Innenpol-Dynamomaschinen, die bei 750 Volt rund 400 Ampere abgeben konnten, erzeugt. Mit Rücksicht auf den sehr ungleichen Arbeitsbedarf sowie zum Vermeiden hoher Spannungsverluste im Stromschienensystem war es zweckmäßig, sowohl in Berlin als auch in Zehlendorf Pufferbatterien aufzustellen. Zur Speisung dieser Batterien konnte die Spannung der Dynamomaschine auf 900 Volt erhöht werden. Die Pufferbatterien bestanden in Berlin aus 311 Zellen und in Zehlendorf aus 318 Zellen. Sie besaßen eine Ladestromstärke von 500 Ampere. Die Kapazität betrug 815 Ah bei einstündiger und 1138 Ah bei dreistündiger Entladung.

Als Stromschienen wurden ausgemusterte Eisenbahnschienen verwendet. Sie waren in Fahrtrichtung links vom Gleis im Abstand von 1570 Millimeter von Gleismitte angeordnet. Der Niveauunterschied gegenüber der Fahrschiene betrug 320 Millimeter. Die Stromabnehmer strichen, im Gegensatz zur heutigen Berliner S-Bahn, von oben über die Stromschienen. An den Stößen wurden Strom- sowie Fahrschienen mit Kupferkabeln leitend verbunden. Die Unterbrechungen der Stromschienen an den einfachen Weichen wurden durch das Verlegen der Stromschiene auf die rechte Seite überbrückt. An doppelten Kreuzungsweichen ließen sich Unterbrechungen von 15 Metern Länge nicht vermeiden. Die Stromzuführung wurde trotzdem nicht unterbrochen, da die Stromabnehmer an den Triebwagen montiert waren und somit eine Stromschienenlücke von 100 Meter überbrückbar gewesen wäre. Die Stromschienen wurden der Schwellenteilung entsprechend in Abständen von 4 bis 5 Meter auf Isolatoren gelagert. Die Isolatoren saßen auf sogenannten Sattelhölzern, die auf der Schwelle aufgeschraubt waren. Diese Anordnung hatte den Vorteil, daß bei Veränderung der Gleislage während Unterhaltungsarbeiten die Lage der Stromschiene gegenüber der Fahrschiene nicht verändert zu werden brauchte. An Unterbrechungsstellen der Stromschienen wurden sie mit einer entsprechenden Neigung verlegt, so daß die Stromabnehmer möglichst ohne Stöße auf- bzw. ablaufen konnten. Zum Schutz gegen eine versehentliche Berührung der Stromschienen waren auf beiden Seiten der Stromschiene Schutzbretter angebracht worden.

Die Stromabnehmer waren Gleitschuhe, die über Federn an jeder Achsbuchse der Triebwagen angebracht waren. Die Isolierung gegenüber der Achsbuchse erfolgte über imprägnierte Hölzer. Der Stromfluß vom Gleitschuh verlief über Kupferseile zur oberen Stromabnehmerplatte und von dort über Kabel zur Stromabnehmerleitung, die durch den ganzen Zug lief.

Ein einzelner zwischen Dampfzügen verkehrender Zug der elektrischen Traktion konnte natürlich nicht die Vorteile des elektrischen Zugbetriebes, insbesondere für den Vorortverkehr, aufzeigen. Die Vorteile wurden erst in der Verkehrsbewältigung durch zahlreiche, in kurzen Abständen verkehrenden Zügen sichtbar. Am 1. Juli 1902 wurden der Versuch eingestellt und die installierten Anlagen entfernt. Die weitere Entwicklung bis zum heutigem Tage hat gezeigt, daß die elektrische Zugförderung im Vorort- sowie im Fernverkehr der Dampftraktion überlegen ist.

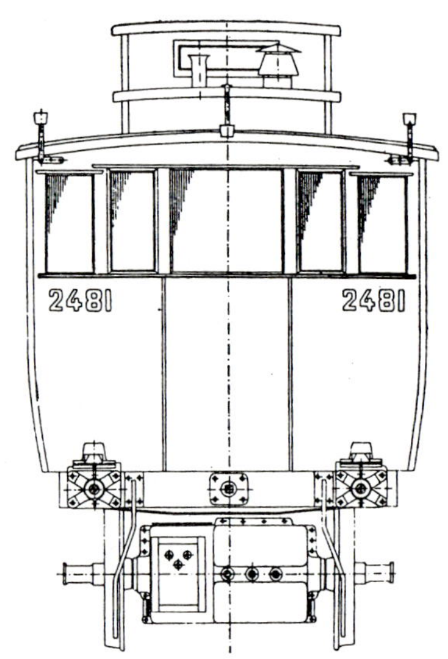

Stirnansicht des Triebwagens Nr. 1 des elektrischen Zuges. Zeichnung: Sammlung Bock

Bildlicher Fahrplan für den elektrischen Versuchsbetrieb auf der Wannseebahn

Zeichnung: Sammlung Bock

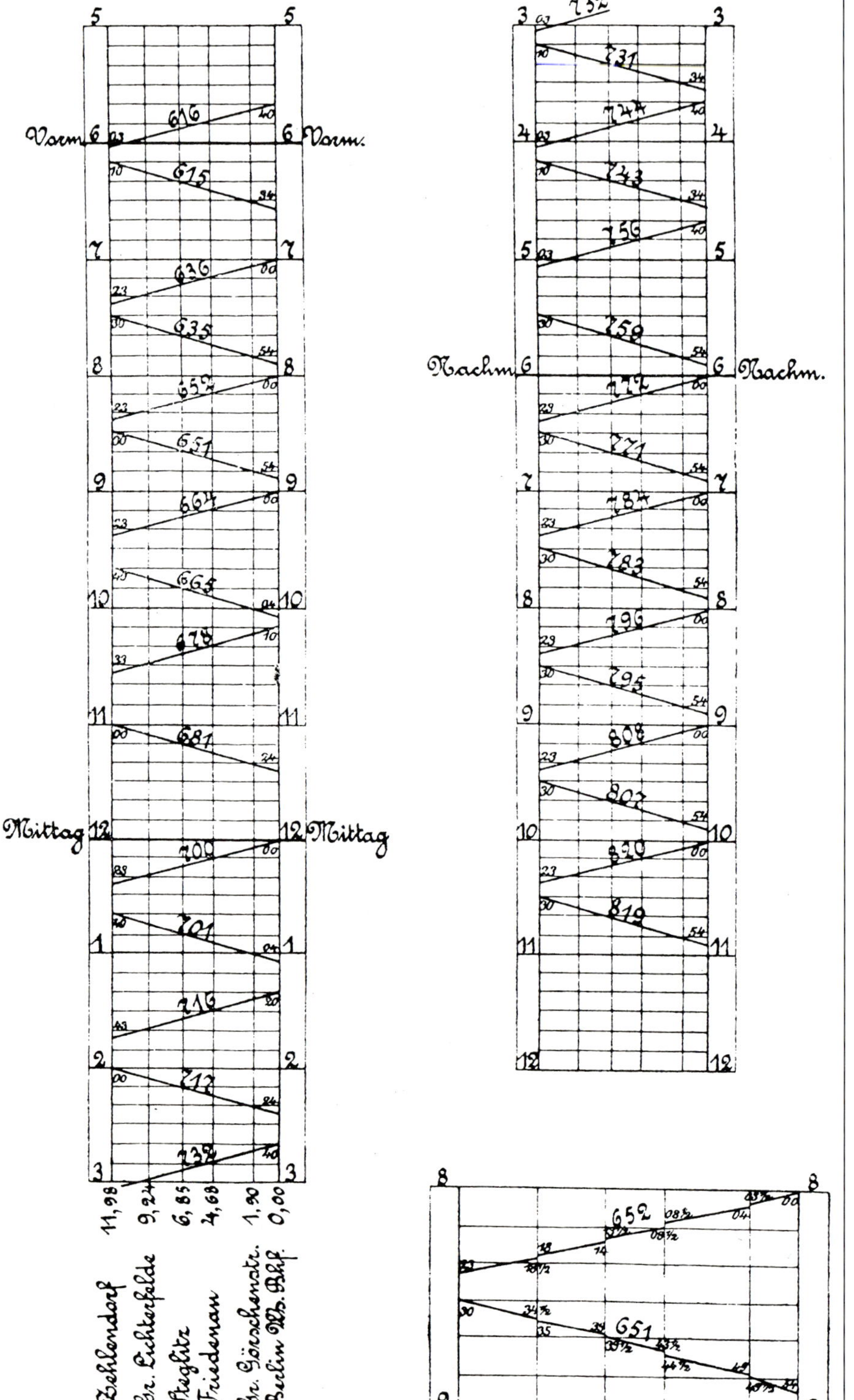

Der Lichterfelder Versuchsbetrieb

Elektrisch auf der Anhalter Bahn von 1903 bis 1929

Von Hans-Joachim Hütter (vb 1979, Seite 132 bis 139)

1899 bis 1903: Verhandlungen, Projektierung und Betriebsbeginn

Nachdem Ende des 19. Jahrhunderts der elektrische Fahrzeugantrieb bei der Straßenbahn im In- und Ausland seine Bewährung bestanden hatte, begannen auch die Eisenbahnverwaltungen diese Antriebsart zu erproben. Die Preußische Staatsbahnverwaltung unternahm ihre ersten Versuche auf der Strecke Bln Wannseebahnhof–Zehlendorf, einem Teilabschnitt der sogenannten Alten Wannseebahn. Man beschränkte sich damals darauf, zwischen den dampflokbespannten Vorortzügen einen elektrischen Triebwagenzug, bestehend aus zwei Trieb- und acht Vorortwagen, verkehren zu lassen. Dieser Zug fuhr mithin im gleichen Fahrplan der Dampfzüge. Vom betriebswirtschaftlichen Vergleich zwischen der Dampf- und elektrischen Traktion wollte die Staatsbahn-Verwaltung ihre Entscheidung abhängig machen, weitere Vorortstrecken gänzlich auf den elektrischen Betrieb umzustellen.

Nach zwei Jahren Versuchsbetrieb wurde die elektrische Zugförderung eingestellt. Die Bedingungen der Staatsbahnverwaltung erfüllte dieser Zug nicht. Da die Staatsbahnverwaltung unter dem Einfluß positiver Ergebnisse im Ausland künftige Entscheidungen jedoch nicht von diesem einen Versuch abhängig machen wollte und wohl auch die ungünstigen Voraussetzungen auf der Wannseebahn berücksichtigte, stimmte sie einem elektrischen Versuchsbetrieb auf einer anderen Berliner Vorortstrecke zu. Dieser Betrieb sollte auf der Strecke Potsdamer Ringbahnhof – Groß Lichterfelde Ost mit ausschließlich elektrischen Fahrzeugen eingerichtet werden.

- ***Die Ausgangssituation***

Ursprünglich verkehrten die Vorortzüge auf dieser Strecke nach Groß Lichterfelde Ost von und zum Anhalter Bahnhof.

Die dampflokbespannten Züge bestanden aus acht dreiachsigen Abteilwagen (drei Wagen 2. Klasse und fünf Wagen 3. Klasse) und einem zweiachsigen kombinierten Wagen 3. Klasse mit Gepäckabteil. Jeder Zug verfügte über 392 Plätze. Mit dieser Zugzusammenstellung konnte das Verkehrsaufkommen zwar bewältigt werden, die geringe Anzahl der Zugfahrten (35 pro Tag) war aber insbesondere in den Gemeinden Lichterfelde und Steglitz, deren östliches Gebiet bis an die Bahn reichte, immer wieder ein öffentlich bekundetes Ärgernis. Man verwies mit Recht darauf, daß auf der Wannseebahn mit hundert Zugfahrten pro Tag den dortigen Bewohnern wesentlich häufigere Fahrmöglichkeiten geboten wurden.

Ganz unbegründet waren diese Ansprüche nicht, hatte doch die Staatsbahnverwaltung in ihren Fahrgasterhebungen zwischen den Jahren 1895 und 1900 einen durchschnittlichen jährlichen Zuwachs von sieben Prozent an Beförderungsleistungen von und nach Groß Lichterfelde Ost ermittelt.

Unter Zugrundelegung dieses Prozentsatzes mußte für die nachfolgenden Jahre mit einer Verdichtung der Zugfahrten auf Zugfolgen zu Verkehrs-Spitzenzeiten auf bis zu fünf Minuten gerechnet werden.

In jenen Jahren benutzten die Vorortzüge noch die Gleise der Fernbahn zwischen dem Anhalter Bahnhof und Groß Lichterfelde Ost. Betrieblich war eine derartige Lösung nur haltbar, solange

Triebwagenzug des Lichterfelder Versuchsbetriebes, bestehend aus zwei vierachsigen Triebwagen und einem dazwischengestellten vierachsigen Beiwagen. Foto: Sammlung Kutschik

die Zuganzahl je Richtung und die Rangklasse der Züge fahrplantechnisch auch bei eventuellen Unregelmäßigkeiten koordiniert werden konnte. Es war jedoch der Zeitpunkt abzusehen, daß die Vorortzüge nach Groß Lichterfelde Ost häufiger verkehren mußten und dann eine nicht mehr vertretbare Streckenbelastung zu verzeichnen gewesen wäre. Daher begann die Staatsbahnverwaltung damit, die Verkehrsanlagen in diesem Raum neu zu gestalten. Die Vorortzüge von und nach Zossen und Groß Lichterfelde Ost sollten künftig im Potsdamer Ringbahnhof beginnen und enden, während der Anhalter Bahnhof nur noch den Fernreisezügen vorbehalten bleiben sollte. Gleichzeitig sollte die Vorortbahn ein eigenes Gleispaar erhalten. Südlich des Bahnhofes Papestraße sollte daher ein Kreuzungsbauwerk entstehen, bei dem die Vorort- und Ferngleise in die Richtungen Zossen und Dresden sowie Groß Lichterfelde Ost und Halle kreuzungsfrei ein- und ausgefädelt werden. Die Baumaßnahmen konnten 1901 abgeschlossen werden.

• *Die Verhandlungen*

Bereits im Jahre 1899 wurden der Königlich Preußischen Eisenbahnverwaltung (KPEV) von der Unions-Elektrizitäts-Gesellschaft (UEG, später AEG) Vorschläge für einen elektrischen Vorortbahnbetrieb gemacht. Diese Vorschläge hatten die in Amerika betriebenen Hochbahnen zum Vorbild. Dort setzte man Triebwagenzüge ein, die ausschließlich aus Motorwagen bestanden und nur im Bedarfsfall durch „gewöhnliche Wagen ohne Antrieb" verstärkt wurden. Die Energiezuführung zu den Wagen sollte ähnlich wie beim Versuchsbetrieb auf der Wannseebahn durch eine seitlich neben dem Gleis angeordnete Stromschiene erfolgen.

Die anfänglichen Bedenken der Staatsbahnverwaltung gegen einen rein elektrischen Betrieb teilte der zuständige Minister für öffentliche Arbeiten offensichtlich nicht, denn er stimmte im Sommer 1901 mit einigen Änderungen und der Präzisierung von Fragen der Fahrzeugunterhaltung sowie der übrigen elektrischen Anlagen dem Projekt der UEG prinzipiell zu. Nachdem diese die detaillierteren Vorschläge unterbreitet hatte, machte die Königliche Eisenbahndirektion (KED) Berlin als künftiger Betreiber der nunmehr festgelegten Versuchsstrecke nach Groß Lichterfelde Ost verschiedene Einwände geltend. So wollte man an Stelle von Drehgestellwagen unbedingt an den dreiachsigen Fahrzeugen festhalten, weil diese ein geringeres Gewicht aufwiesen und mit den vorhandenen Vorortbahnwagen gleichartig betriebs- und reparaturtechnisch behandelt werden konnten. Dabei wollte die KED die von ihr beschafften Wagen der UEG zur Installation der elektrischen Einrichtungen übergeben. Die Errichtung der Fahrleitungsanlage sowie die Unterhaltungsarbeiten an der Fahrleitung und den Wagen wollte die KED dagegen selbst ausführen. Dafür sollte die UEG die Zuleitung von ihrem Kraftwerk bis zur Strecke bauen und der Staatsbahn den billigeren Strompreis von 6,5 Pfennig/kWh gewähren.

Die Verhandlungen der KED und der UEG wurden unter verschiedenen Aspekten geführt. Die Eisenbahnverwaltung hatte die Beförderung von Personen und Gütern sicherzustellen. Um einen möglichst hohen Gewinn aus den Beförderungsleistungen zu erzielen, mußten Betriebskosten und Transportrisiko niedrig sein. Der bestehende Dampflokomotiv-Zugbetrieb bot der KPEV genügend Sicherheit, daß beide Gesichtspunkte berücksichtigt wurden. Für die Elektroindustrie standen dagegen der Konkurrenzkampf und die Frage im Vordergrund, welche der großen Firmen das Monopol auf dem Gebiet der Bahn-Elektrifizierung erlangen und sich damit auf absehbare Zeit das „große Geschäft" sichern würde. In dieser Situation war die UEG gezwungen, ein kostengünstiges Vertragsangebot zu unterbreiten.

Schließlich wurde im Juli 1902 zwischen der Bahnverwaltung und der UEG ein langfristiger Vertrag abgeschlossen, der folgende wesentliche Punkte enthielt:

1. Die UEG baut zwölf vierachsige Motorwagen sowie die Fahrleitungsanlage der Strecke Potsdamer Ringbahnhof – Groß Lichterfelde Ost.

2. Die UEG stellt fachkundiges Personal und weist die Beschäftigten der KED in die Bedienung und Wartung der Anlagen und der Fahrzeuge ein.

3. Für die von ihr errichteten Anlagen leistet die UEG zwei Jahre Garantie.

4. Die KED zahlt jährlich für die Vorhaltung der Wagen und der Anlagen 110 190 Mark. Nach Tilgung der Kosten geht das gesamte Kapital in das Eigentum der Staatsbahnverwaltung über.

5. Die ab Einspeisestelle bezogene Energie wird mit 7 Pfennig/kWh berechnet.

6. Werden von der KED Wagen nachbestellt, so sind diese in acht Monaten (Triebwagen) bzw. in drei Monaten (Beiwagen) zu liefern.

7. Die KED kann den Versuchsbetrieb einstellen, wenn er den verkehrlichen Anforderungen nicht gerecht wird. Der UEG wird eine dreimonatige Frist zur Beseitigung grundlegender Mängel eingeräumt. Ist auch danach kein reibungsloser Betrieb möglich, kann der Betrieb entschädigungslos eingestellt werden.

8. Der Vertrag besitzt eine Gültigkeit von 15 Jahren.

• *Projektierung und Bau der Anlagen*

Durch die Staatsbahnverwaltung wurden die bereits begonnenen Gleisbauarbeiten auf der Strecke nach Groß Lichterfelde Ost noch während der Vertragsverhandlungen über die Elektrifizierung fortgesetzt, da selbst durch die neue, etwas veränderte Trassenführung auch nachträglich die erforderlichen Elektrifizierungsarbeiten ausgeführt werden konnten. UEG und Staatsbahnverwaltung hatten sich schließlich auch geeinigt, die Strecke bei einer Gleichspannung von 550 Volt mit der bei der Wannseebahn bewährten seitlich neben dem Gleis angeordneten Stromschiene auszurüsten. Die Energie wurde direkt aus dem der UEG ge-

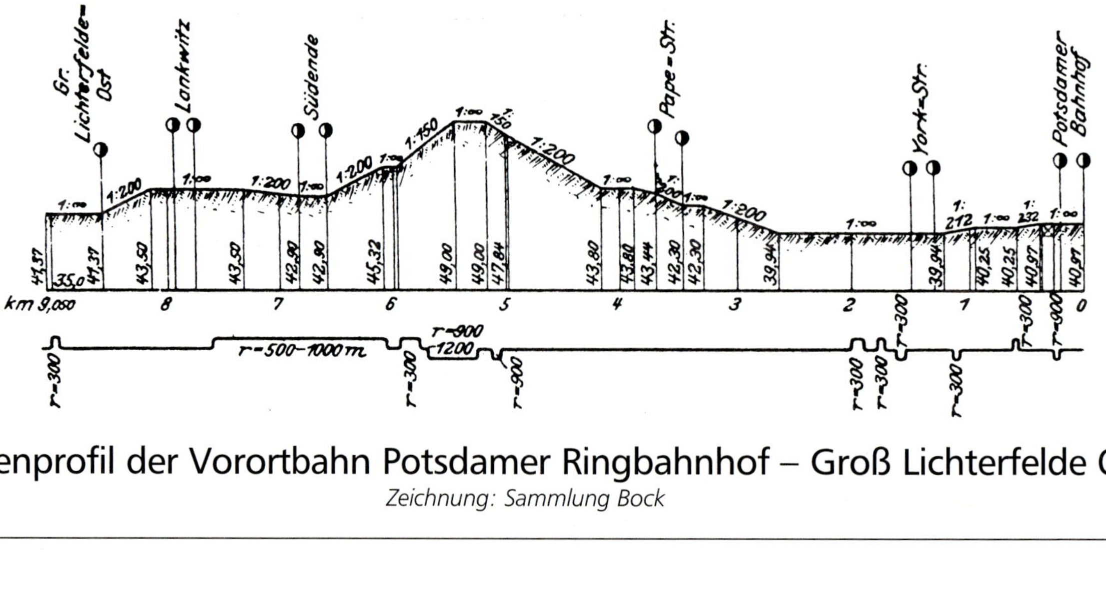

Streckenprofil der Vorortbahn Potsdamer Ringbahnhof – Groß Lichterfelde Ost.
Zeichnung: Sammlung Bock

hörenden Elektrizitätswerk unweit des Bahnhofes Papestraße bezogen, das die südlichen Vororte Berlins und die Straßenbahn versorgte. Von diesem Elektrizitätswerk wurden gesonderte Leitungen zu einem Schalthaus geführt, das auf dem Gelände dieser Vorortbahn zwischen den Bahnhöfen Yorckstraße und Papestraße errichtet wurde. Vom Schalthaus wurden die Stromschienen jeder Richtung gesondert gespeist. Die Stromschiene wurde auf Stützisolatoren an den Schwellen befestigt und durch die Stromabnehmer der Wagen von oben bestrichen, so wie es noch heute auf den Kleinprofillinien der Berliner U-Bahn üblich ist.

Auf Grund der eingangs erwähnten Verkehrserhebung wurde ein Zugabstand von 20 Minuten festgelegt, der in den Verkehrsspitzenzeiten auf zehn Minuten verdichtet werden sollte. Perspektivisch wurde eine Zugfolgezeit von fünf Minuten geplant, wenn es die weitere Verkehrsentwicklung erforderte. Die elektrischen Züge sollten aus je drei Triebwagen bestehen, von denen zwei die 3. Klasse und einer die 2. Klasse führte. Ein derartiger Zug verfügte über 206 Sitzplätze. Bei einer Reisegeschwindigkeit von 32 Kilometer pro Stunde sollte die 9 Kilometer lange Strecke in 17 Minuten zurückgelegt werden, wobei 30 Sekunden Aufenthalt auf den Bahnhöfen vorgesehen waren.

Ein „derartig langsamer Fahrplan" wurde zwar von der UEG moniert, weil er erheblich unter den Möglichkeiten der elektrischen Traktion blieb, aber die Staatsbahnverwaltung setzte sich mit ihren Argumenten durch. Sie wollte bei gleichen Ausgangsbedingungen einen unmittelbaren Betriebskostenvergleich zwischen den beiden Zugarten dampflokbespannte und elektrische Züge anstellen können.

• Fahrzeuge

Für die Aufnahme des elektrischen Zugbetriebes wurden von der damaligen Breslauer Aktiengesellschaft für Eisenbahnwagenbau insgesamt 18 vierachsige Triebwagen beschafft. Davon erhielten zwölf Wagen die 3. Klasse und die übrigen sechs Wagen die 2. Klasse. Jeweils zwei 3.-Klasse- und ein 2.-Klasse-Wagen wurden zu einem Zug zusammengestellt, wobei letzterer stets in der Zugmitte lief. Der in der damals üblichen Abteilbauweise gefertigte Wagenkasten ruhte auf zwei zweiachsigen Drehgestellen, von denen eines mit zwei Fahrmotoren und auf jeder Seite mit zwei isoliert aufgehängten Stromabnehmern ausgerüstet war.

Die Wagen 3. Klasse erhielten an einem Ende das Fahrerabteil, in dem die zur Bedienung des Zuges erforderlichen Einrichtungen untergebracht waren. Diesem Abteil schloß sich ein Dienst- und Gepäckraum an. Der übrige Raum des Wageninneren wurde in neun Sitzabteile mit Seitengang eingeteilt. Zwischen dem vierten und fünften Abteil wurde eine verschließbare Tür angeordnet und damit vermutlich die Unterteilung in ein Nichtraucher- und ein Raucherabteil erzielt. Diese zwölf Triebwagen erhielten die Wagennummern 2981 bis 2992, die später in 513 bis 524 geändert wurden.

Im Wagen 2. Klasse wurde kein direktes Fahrerabteil eingerichtet, da dieser Wagen nur in der Zugmitte lief. An einem Wagenende waren jedoch alle notwendigen, zum Führen des Zuges erforderlichen Einrichtungen installiert, um zum Beispiel rangieren zu können. In diesem Raum wurde auch der Heizkessel aufgestellt, von dem aus der Zug mit Koksfeuerung (!) beheizt wurde. Auf die Installation einer elektrischen Heizung hatte man aus Gründen zu hoher Energiekosten verzichtet. In den Sommermonaten konnte der Heizkessel durch eine Öffnung im Dach herausgehoben und der Raum durch Aufstellen zusätzlicher Bänke als Fahrgastraum 3. Klasse genutzt werden. Im übrigen Raum des Wagens wurden sieben Abteile 2. Klasse untergebracht. Hier waren die Sitze gepolstert, der Seitengang war aber auch hier vorhanden. Diese sechs Triebwagen erhielten die Wagennummern 2031–2036, die später in 501–506 geändert wurden.

Die Bedienung des Zuges erfolgte über einen Fahrschalter mittels Vielfachsteuerung. 13 Schütze nahmen in jedem Triebwagen das Ab- bzw. Zuschalten der Anfahrwiderstände und die Reihen-Parallel-Gruppierung der Fahrmotoren vor. Bei einer mittleren Anfahrbeschleunigung von 0,24 m/s^2 wurde eine maximale Geschwindigkeit von 50 Kilometer in der Stunde erreicht. Die Fahrgasträume waren elektrisch beleuchtet. Ein vorgeschalteter Eisen-

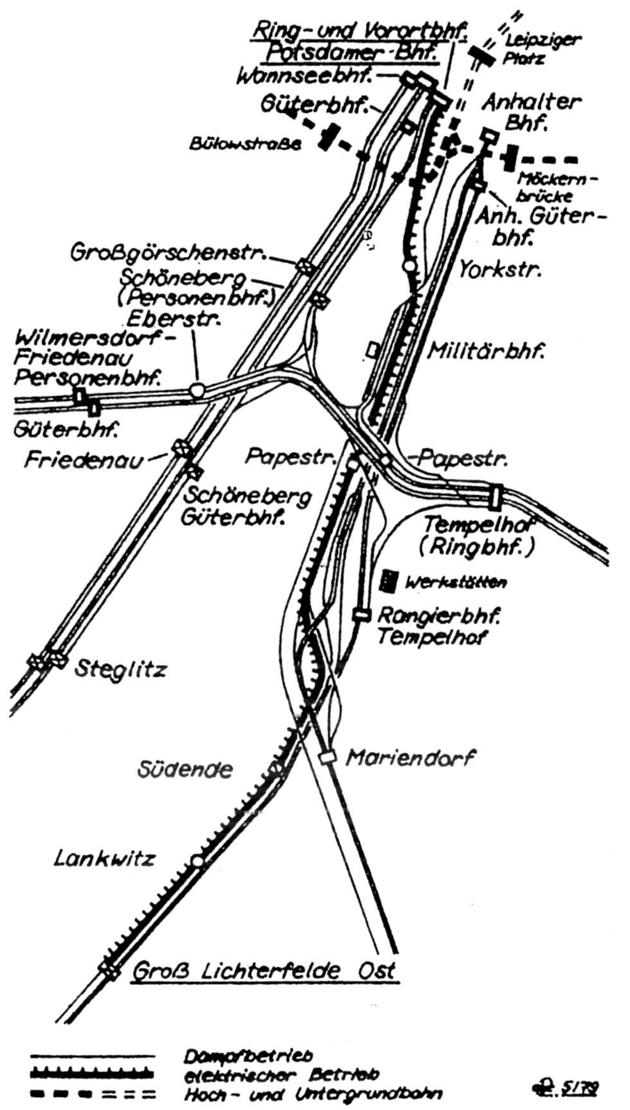

Streckenskizze des elektrischen Versuchsbetriebes Potsdamer Ringbahnhof (Berlin) – Groß Lichterfelde Ost
Zeichnung: Ebert

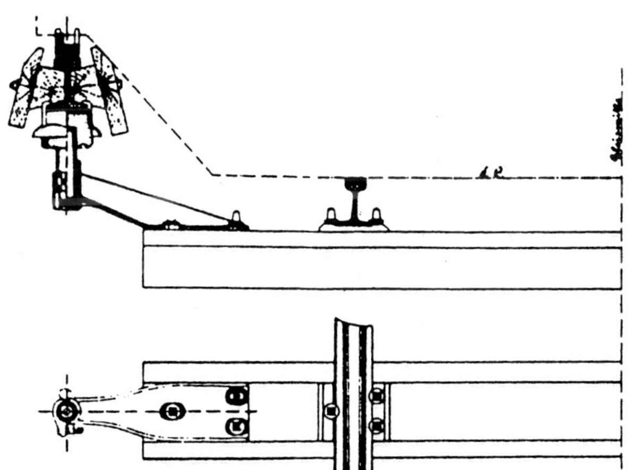

Anordnung der seitlichen Stromschiene.
Zeichnung: Sammlung Hütter

Fahrgäste und Eisenbahner stellen sich auf dem Vorortbahnhof Südende vor einem Triebwagen-Versuchszug nach Groß Lichterfelde Ost für den Fotografen „in Positur". Postkartenansicht, Sammlung Gottwaldt

widerstand sorgte für eine gleichmäßige Beleuchtung bei den auftretenden unterschiedlichen Streckenspannungen.

● ***Die erste Betriebszeit***

Im ersten Halbjahr des Jahres 1903 liefen die Arbeiten an der Strecke und den zugehörigen Anlagen auf Hochtouren. Am 4. Mai 1903 traf der erste fertiggestellte Zug in Berlin ein. Die beiden Wagen der 3. Klasse hatten einen braunen, der Wagen 2. Klasse einen grünen Außenanstrich. (Es ist nicht bekannt, ob diese Farbgebung bei den übrigen gelieferten Wagen beibehalten bzw. später insgesamt geändert worden ist.) Bereits in der Nacht vom 6. zum 7. Mai fand mit diesem Zug die erste Probefahrt zwischen Papestraße und Groß Lichterfelde Ost statt, die ohne besondere Vorkommnisse verlief. Immerhin dauerte es aber noch zwei Monate, bis der elektrische Zugbetrieb aufgenommen werden konnte, da zuvor erst alle bestellten Wagen in Berlin sein sollten.

Nachdem alle Voraussetzungen erfüllt waren, konnte am 8. Juli 1903 der volle elektrische Zugbetrieb zwischen dem Potsdamer Ringbahnhof und Groß Lichterfelde Ost aufgenommen werden. Dem „Berliner Lokalanzeiger" vom 3. Juli 1903 ist jedoch zu entnehmen, daß bereits am 1. Juli der erste und tags darauf der zweite elektrische Zug im Einsatz waren. Die schrittweise Inbetriebnahme der Züge erklärt auch, weshalb in der Literatur unterschiedliche Daten für die Aufnahme des elektrischen Zugbetriebes zu finden sind.

Naturgemäß stand der neue Zugbetrieb im Blickpunkt der Öffentlichkeit. Von den Reisenden wurden insbesondere die Sauberkeit und die häufigen Zugfahrten mit Zufriedenheit registriert. Da auch die Durchführung des Betriebes und die Wartung der Fahrzeuge und der übrigen Anlagen keine nennenswerten Probleme bereiteten, konnte die KED ihren ersten Bewährungsbericht im November 1903 mit folgenden wesentlichen Aussagen abfassen:

Der Fahrplan kann jederzeit eingehalten werden, da mit der hohen Anfahrbeschleunigung Verspätungen leicht aufgeholt werden können.

Die Ursachen einiger Kurzschlüsse, die geringe Schäden zur Folge hatten, wurden erkannt und kurzfristig beseitigt.

Es besteht kein Anlaß, den im Vertrag mit der UEG vorgesehenen Paragraphen über die Einstellung des Versuchsbetriebes anzuwenden.

1903 bis 1906:
Die weitere Vervollkommnung

Für die KED bestand nach dem geglückten Anlauf des elektrischen Zugbetriebes die Aufgabe, dem künftig zu erwartenden Verkehrszuwachs zu begegnen. Von den beschafften sechs Zügen waren ständig vier im Einsatz, womit eine Zehn-Minuten-Zugfolge gewährleistet war. Während ein weiterer Zug ständig in Reserve stand, der für einen auf der Strecke befindlichen und schadhaft gewordenen Zug sofort ausgetauscht werden konnte, befand sich der sechste Zug in der Revision.

Noch bevor aber die ersten Triebwagen überhaupt in Berlin eingetroffen waren, hatte die KED die Zustimmung erwirkt, zwölf dreiachsige Vorortwagen aus dem vorhandenen Wagenpark so umzurüsten, daß sie in die Dreiwagenzüge eingestellt werden konnten. Wie rasch von dieser Maßnahme Gebrauch gemacht werden mußte, mögen die im September 1905 ermittelten Beförderungsleistungen verdeutlichen:

Lokomotivbetrieb	4,6 Millionen Reisende
1. Jahr elektr. Betrieb	5,7 Millionen Reisende
2. Jahr elektr. Betrieb	6,8 Millionen Reisende.

In nur zwei Jahren stieg die Zahl der beförderten Reisenden um ca. 50 % an. Die seinerzeit festgestellte Tendenz, daß im Frühjahr und Sommer die Beförderungsleistungen steigen und im Herbst und Winter auf dem Niveau des letzten Sommers blieben, bekräftigte den Ruf nach neuen Wagen. Für den elektrischen Zugbetrieb nach nur zwei Jahren Betriebszeit war das zweifellos ein Erfolg.

Trotz des Erfolges mit den elektrischen Zügen traten aber auch einige Mängel auf. So stellte sich sehr bald heraus, daß die Aus- und Einstiegverhältnisse bei den Abteilwagen sehr ungünstig waren, obwohl die 780 Millimeter hohen Bahnsteige der Fußbodenhöhe der Wagen besser angepaßt waren als auf den übrigen Berliner Bahnen. Es kam nämlich zu einigen Unfällen von Reisenden, insbesondere bei starkem Andrang. Die KED sah sich daher veranlaßt, Versuche mit einer verbreiterten oberen Trittstufe durchzuführen (die untere Trittstufe wurde nur beim Aussteigen auf freier Strecke in Havariefällen benötigt).

Am 6. Oktober 1905 wurden die Wagen 2988, 2991 und 2034 derartig ausgerüstet dem Betrieb übergeben. Da sich diese Einrichtung bewährte und zumindest die Triebwagen nicht auf anderen Strecken eingesetzt werden konnten, wurden nach und nach alle Triebwagen in gleicher Weise umgebaut. Von den für den elektrischen Betrieb umgebauten und im Oktober 1905 vorhandenen 15 Vorortwagen wurden vier Wagen mit klappbarer oberer Trittstufe gestaltet, damit diese bei Bedarf auch die übrigen Vorortstrecken mit niedrigen Bahnsteigen befahren konnten. Im August 1906 waren die diesbezüglichen Umbauten an allen Wagen abgeschlossen.

Ein besonderes Licht auf die damaligen Arbeitsbedingungen wirft jedoch die Tatsache, daß man erst im Jahre 1905, also nach zwei Jahren Betriebszeit, einen Wagenschuppen projektierte, damit die Untersuchungsarbeiten an den Wagen nicht im Freien durchgeführt werden mußten. Dieser Wagenschuppen wurde in unmittelbarer Nähe zum Bahnhof Yorckstraße errichtet. Um möglichen Unfällen vorzubeugen, wurde die anfänglich auch für das Schuppeninnere projektierte Stromschiene nicht verwendet und durch die noch heute in den Werkstatthallen bei der Berliner S-Bahn gebräuchliche Deckenstromschiene mit Schleppkabel ersetzt.

1906 bis 1929: Die Betriebsabwicklung bis zur Umstellung des elektrischen Betriebes auf 800 Volt Gleichspannung

• *Die nachbestellten Wagen von 1906*

Die sprunghaft angestiegenen Beförderungsleistungen machten den Bau neuer Triebwagen erforderlich. So wurden im Jahre 1905 sechs Triebwagen bestellt, deren wagenbaulicher Teil von der Firma Zypen & Charlier in Köln hergestellt wurde. Der nunmehr unter der Firmenbezeichnung AEG auftretende Vertragspartner der Staatsbahnverwaltung installierte die elektrischen Einrichtungen. Mitte des Jahres 1906 wurden die neuen Wagen in Dienst gestellt.

Da diese Wagen in die vorhandenen Züge eingestellt werden sollten, mußte bei dem nunmehr erhöhten Platzangebot je Zug das Verhältnis der Wagenklassen gewahrt bleiben. Aus diesem Grund wurden die sechs Wagen mit Abteilen der 2. und 3. Klasse ausgestattet und jeweils ein Wagen den bereits vorhandenen Triebwagenzügen beigestellt.

Es lag nahe, die 2./3.-Klasse-Wagen ebenfalls in der damals bewährten Konzeption zu bauen. So erhielten auch diese wieder zwei zweiachsige Drehgestelle, von denen eines mit zwei Antriebsmotoren und zwei Stromabnehmern je Seite ausgerüstet war. Auf beiden Drehgestellen stützte sich der Wagenkasten ab, der wiederum in Abteilbauweise gefertigt worden war. An einem Wagenende war, wie bei den 1903 gelieferten 3.-Klasse-Wagen, ein kompletter Fahrerstand eingerichtet, dem sich ein Gepäckabteil anschloß. Im übrigen Teil des Wagens waren fünf Abteile 3. und drei Abteile 2. Klasse untergebracht. Die Wagen erhielten später die Wagennummern 507 bis 512. Die anfangs erteilten Nummern sind nicht bekannt.

• *Die weitere Verdichtung des Zugverkehrs*

Die nunmehr in der Regel aus vier Triebwagen bestehenden Züge waren bis ca. 1910 in der Lage, den verkehrlichen Anforderungen gerecht zu werden, zumal bei besonders starkem Verkehrsaufkommen die Vorortwagen eingestellt werden konnten. Letztere mußten aber auch dann eingesetzt werden, wenn in einem der Triebwagen eine nicht kurzfristig zu behebende Störung auftrat. Die damit verbundene unregelmäßige Zugzusammenstellung führte besonders dann zu Schwierigkeiten, wenn die Fahrerstände der übrigen Triebwagen in einer Richtung bzw. die Wagenklassen nicht mehr im prozentualen Verhältnis zueinander standen.

Um künftig eine gleichartige Zugbildung auch bei Ausfall einzelner Triebwagen zu erreichen, bestellte die Staatsbahnverwaltung im Jahre 1911 nochmals folgende Fahrzeuge:

1 Triebwagen	2. Klasse	Wg-Nr. 525*
1 Triebwagen	2/3. Klasse	Wg-Nr. 526*
4 Triebwagen	3. Klasse	Wg-Nr. 527–530*

* Diese Wagen erhielten bereits bei Indienststellung die dreiziffrigen Wagennummern

Den wagenbaulichen Teil lieferte diesmal wieder die Waggonfabrik in Breslau, die elektrische Installation erfolgte durch die AEG. Die neuen Wagen wurden wie die zuvor gelieferten ausgestattet und im Oktober 1912 in Dienst gestellt.

Zwischenzeitlich unternahm die KED im Sommer 1912 Versuche, an Stelle der bisher eingesetzten vier Züge nunmehr fünf verkehren zu lassen. Man beabsichtigte, die Zugfolge von bisher zehn auf siebeneinhalb Minuten zu senken. Bei den nächtlichen Versuchen stellten sich jedoch einige Male Spannungen von 280 Volt, also nur ca. 50 % der Nennspannung, ein. Derartig niedrige Spannungen gestatteten auf Dauer keinen normalen Zugbetrieb,

Seitenansicht eines dreiteiligen Lichterfelder Versuchszuges. AEG-Werkfoto: Sammlung Bley

Grundrisse der Wagen für den Versuchsbetrieb Berlin – Groß Lichterfelde Ost (F: Führerstand, G: Gepäckabteil, H: Hilfsführerstand, d: Heizkessel)

In der Literatur ist der Seitengang sowohl links als auch rechts zu finden. (Zeichnung: Ebert)

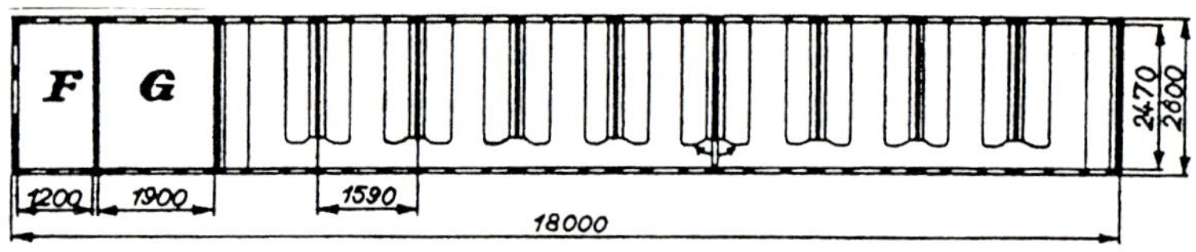

Wagen 3. Klasse

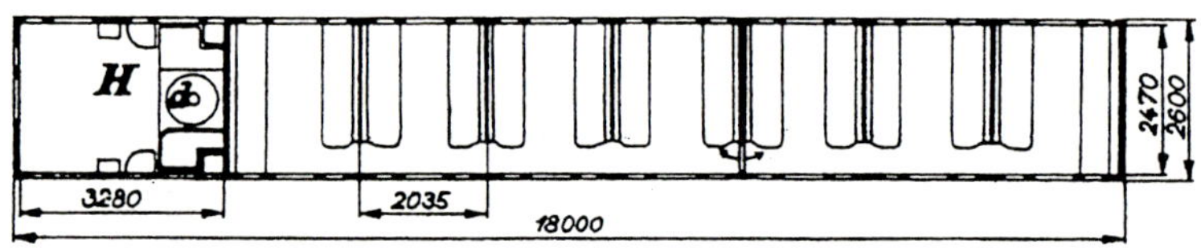

Wagen 2. Klasse

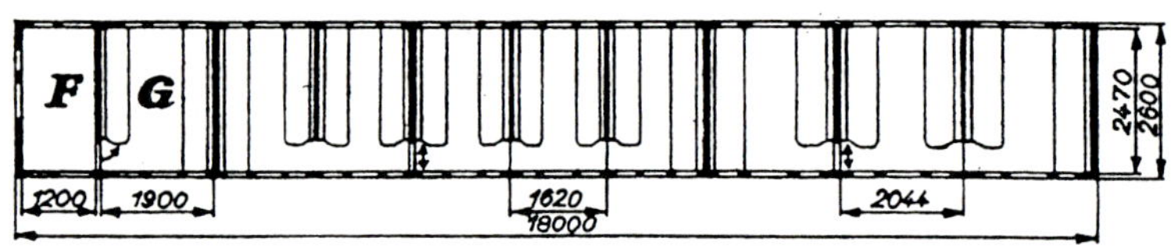

Wagen 2./3. Klasse

weil der Fahrplan unter diesen Bedingungen kaum einzuhalten war. Um dennoch mit fünf Zügen fahren zu können wurde mit der AEG vereinbart, zur Senkung der Spannungsverluste die Zuführungskabel vom Kraftwerk zu verstärken und den Rückleitungsquerschnitt der Fahrschienen durch Querverbinder zu den parallel liegenden Gleisen der Fernbahn zu vergrößern. Letztere Maßnahme ist noch heute bei der Berliner S-Bahn gebräuchlich.

Die neu beschafften Wagen brachten in der ersten Zeit nach ihrer Inbetriebnahme eine spürbare Entlastung bei der Zugbildung, insbesondere bei schadhaften Einzelwagen. Unter dem Einfluß des ersten Weltkrieges und seiner Folgen stellten sich für den Zugbetrieb aber wiederum Probleme in der Fahrzeugbereitstellung ein. Nicht nur Fahrzeugschäden, sondern auch fehlende Ersatzteile führten dann dazu, daß die betriebsfähigen Wagen mehr als zuträglich beansprucht wurden. So lag zum Beispiel die Laufleistung eines Wagens der Lichterfelder Bahn pro Jahr bei 85 100 Kilometer, die der vergleichbaren elektrischen Hamburger Züge (Abteilwagen, Oberleitungsbetrieb) aber nur bei 53 700 Kilometer. Teilweise mußten sogar einzelne Züge wieder mit Dampflokomotiven bespannt werden. Diese Situation im Jahre 1919 führte zunächst dazu, daß Ersatzdrehgestelle und -fahrmotoren neu beschafft wurden. Die Pläne zur Beschaffung neuer Triebwagen, die bereits 1914 ausgearbeitet worden waren, wurden wieder aufgegriffen und dem Stand der nunmehr vorhandenen Situation angepaßt. Zur Ausführung kamen diese Pläne aber nicht mehr.

Die technischen Neuheiten

• *Elektrische Heizung*

Im Jahre 1918 war der im 2.-Klasse-Triebwagen aufgestellte Heizkessel noch immer erforderlich. Aus Kostengründen hatte die Staatsbahnverwaltung bislang die teuere elektrische Heizung der Wagen abgelehnt. Die genannten Probleme bei der Bereitstellung gerade dieser Wagen in den Wintermonaten führte dann dazu, daß zunächst der Fahrerstand und später auch die Fahrgasträume mit einer elektrischen Heizung ausgerüstet wurden. Der Heizkesselraum des 2.-Klasse-Wagen wurde nunmehr in ein 3.-Klasse-Abteil umgebaut, wie es bislang nur in den Sommermonaten geschah.

Mit dieser Maßnahme war zweifellos eine größere Freizügigkeit in der Bildung von Zügen erreicht.

• *U-Bahn-Wagen für die Lichterfelder Strecke*

Eine etwas kurios anmutende Situation bahnte sich Anfang der zwanziger Jahre an. Im Januar 1920 wurden den Vertretern der KED Berlin bei der Hamburger Hochbahn zwei U-Bahn-Wagen vorgestellt, die in der dortigen Werkstatt untergebracht waren. Diese von der Waggonfabrik Zypen & Charlier in Köln gebauten U-Bahn-Wagen waren ursprünglich für Berlin bestimmt und sollten auf der von der AEG projektierten Großprofilstrecke Gesundbrunnen – Neukölln erprobt werden. Die Einwirkungen und die Folgen des ersten Weltkrieges verhinderten jedoch lange Zeit eine vollständige Realisierung der bereits angefangenen Bauarbeiten. Die beiden im Jahre 1916 fertiggestellten Baumusterfahrzeuge wurden nach Hamburg gebracht, konnten dort aber wegen Profilbeschränkungen nur auf einem Teilabschnitt einer Außenstrecke erprobt werden. Die Erprobung verlief mit gutem Erfolg.

Die Wagen wiesen einige bedeutende technische Neuerungen auf. Erstmalig für deutsche Nahverkehrswagen wurde ein stählerner Wagenkasten gefertigt, dessen äußere Form schon durch große Fenster und außenliegende und fernbedienbar zu schließende Schiebetüren auffiel. Im Fahrgastraum hatte man auf die bis dahin bei den Vorortwagen der Eisenbahn übliche Abteilbauweise mit bis an die Innendecke reichenden Trennwänden verzichtet und dadurch eine gute Sichtmöglichkeit durch den ganzen Wagen geschaffen. Als „besonderer Fortschritt" im Vergleich zu den vorhandenen Lichterfelder Wagen wurde die selbsttätige Zugsteuerung angesehen.

Um den auf der Lichterfelder Strecke bestehenden Engpaß an Fahrzeugen abbauen zu können, kaufte die KED die beiden U-Bahn-Wagen. Die Genehmigung hierzu wurde am 20. März 1920 erteilt.

Bevor die Wagen aber in Berlin eingesetzt werden konnten, machten sich verschiedene Arbeiten zur Anpassung an die vorhandenen Wagen erforderlich, von denen hier die wesentlichsten genannt seien:

1. Anbringung der Zug- und Stoßvorrichtung der Eisenbahn an Stelle der automatischen Kupplung,
2. Anbau der elektrischen Kupplungseinrichtungen,
3. Änderung der Getriebeübersetzung,
4. Anbringung von durchlaufenden Trittbrettern zum Höhen- und Breitenausgleich,
5. Anordnung eines Schutzabteiles,
6. Anbau der Oberwagenlaternen (Zugschlußsignal).

Anfang 1921 war der Umbau der Wagen abgeschlossen, so daß die Wagen nach ihrer Abnahme durch die Aufsichtsbehörde im Mai des gleichen Jahres mit den Wagennummern 531 und 532 in Dienst gestellt werden konnten. Die KED beabsichtigte, beide Wagen trotz vorhandener Holzsitze als 2.-Klasse-Wagen einzusetzen, weil sie über eine „neuzeitliche Innengestaltung" verfügten. Zwischen beide Triebwagen sollten zwei Vorortwagen eingestellt werden und dieser Zugverband einen kompletten Zug bilden.

Ob diese Pläne so verwirklicht wurden, ist nicht bekannt. Sicher ist jedoch, daß die U-Bahn-Wagen bis zum Betriebsende 1929 im Einsatz waren.

• *Planungsvorstellungen für den Bau neuer Wagen*

Der Bau neuer Wagen wurde Anfang der zwanziger Jahre immer notwendiger. Die ältesten Wagen waren mittlerweile 20 Jahre im Einsatz und als Folge der hohen Beanspruchung stark störanfällig. Fielen gleichzeitig mehrere Triebwagen aus, und das geschah immer öfter, mußten nach wie vor dampflokomotivbespannte Züge aushelfen. Um diesem allgemeinen Ärgernis zu begegnen, wurden im Jahre 1921 Untersuchungen über den Bau neuer Triebwagen angestellt. Beeinflußt durch die Gestaltung der beiden übernommenen U-Bahn-Triebwagen und die dabei entstandene Zugbildung mit den Vorortwagen sollten die künftigen Züge aus vierachsigen Trieb- und Beiwagen bestehen, um ein einheitliches Äußeres des gesamten Zuges zu erzielen. Es wurden mehrere Entwürfe ausgearbeitet, die aber alle die Abteilanordnung der übernommenen U-Bahn-Wagen zum Inhalt hatten und für den Triebwagen 3.-Klasse- und für den Beiwagen 2.-Klasse-Abteile vorsahen. Außerdem sollte der dem Fahrerstand angrenzende Raum für die Beförderung von Gepäck vorbehalten bleiben.

Noch im gleichen Jahr wurde aber auch ein Entwurf unterbreitet, der als kleinste Zugeinheit den Halbzug, bestehend aus zwei vierachsigen Trieb- und zwei zweiachsigen Beiwagen, vorsah. Im Triebwagen sollten zwei Achsen angetrieben werden. Diese Zugvariante basierte auf Vorstellungen aus dem Jahre 1907, als seinerzeit Projektuntersuchungen für den elektrischen Betrieb auf der Stadtbahn durchgeführt wurden. Aus letzterer, für die Lichterfelder Strecke vorgesehenen Zugvariante läßt sich unschwer die Verwandtschaft zu den nur ein Jahr später gebauten sechs elektrischen Versuchszügen der Berliner S-Bahn und den Zügen der späteren Baureihe 169 erkennen, deren Halbzug aus je zwei vierachsigen Trieb- und drei zweiachsigen Beiwagen bestand.

Diese Pläne wurden aber nicht mehr verwirklicht. Dies geschah wohl hauptsächlich deshalb, weil die Elektrifizierung der Berliner Stadt-, Ring- und Vorortbahnen nur noch eine Frage weniger Jahre war. Die Lichterfelder Strecke war in diesen Plänen inbegriffen und deshalb lohnte sich die Beschaffung neuer Fahrzeuge nicht mehr.

• *Die Instandhaltung der Wagen*

Die täglichen Wartungsdurchsichten und die planmäßigen Instandhaltungsarbeiten wurden im Wagenschuppen am Bahnhof Yorckstraße durchgeführt. In turnusmäßigen Abständen erfolgte darüber hinaus die Aufarbeitung im Ausbesserungswerk Berlin-Tempelhof. Dieses bot sich wegen seiner unmittelbaren Nähe zur elektrischen Bahn an, wenn auch das Werk in Tempelhof, das sonst nur Dampflokomotiven aufarbeitete, eine artfremde Produktion aufnehmen mußte. Nachdem das neu errichtete Raw Schöneweide (heute Hauptwerkstatt Schöneweide der S-Bahn Berlin GmbH) am 15. Oktober 1927 seiner Bestimmung übergeben wurde, wechselten auch die Lichterfelder Wagen das Heimat-Raw und wurden künftig nur noch in Schöneweide instand gesetzt.

• *Die Betriebsumstellung*

Nachdem am 8. Juli 1926 der Verwaltungsrat der Deutschen Reichsbahn-Gesellschaft dem elektrischen Zugbetrieb auf den Berliner Stadt-, Ring- und Vorortstrecken mit 800 Volt Gleichspannung zugestimmt hatte, waren damit auch die Tage des bestehenden Betriebes zwischen dem Potsdamer Ringbahnhof und Groß Lichterfelde Ost gezählt. Der Strecke war jedoch noch das 25jährige Jubiläum beschieden; am 2. Juli 1929 fuhren dann aber erstmalig die neuen 800-Volt-Züge auf dieser Strecke.

Mit der Betriebsumstellung im Jahre 1929 endete ein als Versuchsbetrieb konzipierter elektrischer Gleichstrom-Zugverkehr. Die an den Versuch geknüpften Erwartungen und Vorstellungen, insbesondere der Nachweis des betriebswirtschaftlichen Vorteiles gegenüber dem reinen Dampflokomotivbetrieb im Vorortverkehr und der Zuverlässigkeit der elektrischen Traktion, haben sich in dem 26 Jahre währenden „Versuch" nachhaltig bestätigt. Daran änderte auch nichts die Tatsache, daß der elektrische Zugbetrieb auf dieser Strecke in den letzten Jahren in Mißkredit geriet, als teilweise wieder Dampflokomotiven zum Einsatz kamen und insbesondere das Werkstattpersonal mit der Aufarbeitung der überalterten Wagen in starkem Maße gefordert wurde. Bei dem jahrelangen Ringen um die Elektrifizierung in Berlin hat der elektrische Betrieb nach Lichterfelde jedoch seinen Anteil an einer Entscheidungsfindung in den Jahren nach 1918 gehabt. Welches Stromsystem hätte die Berliner S-Bahn wohl heute, hätte es den Lichterfelder Zugbetrieb nicht gegeben?

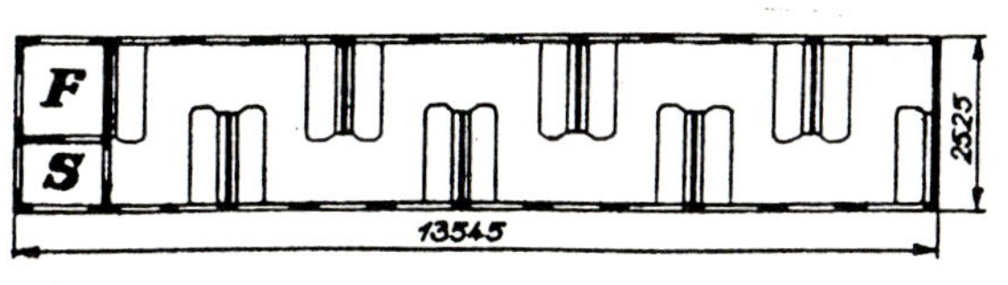

Dieser U-Bahn-Wagen für die Strecke Gesundbrunnen–Neukölln fuhr nach Umbauten auf der Lichterfelder Strecke. Foto: Sammlung Kutschik, Zeichnung: Ebert.

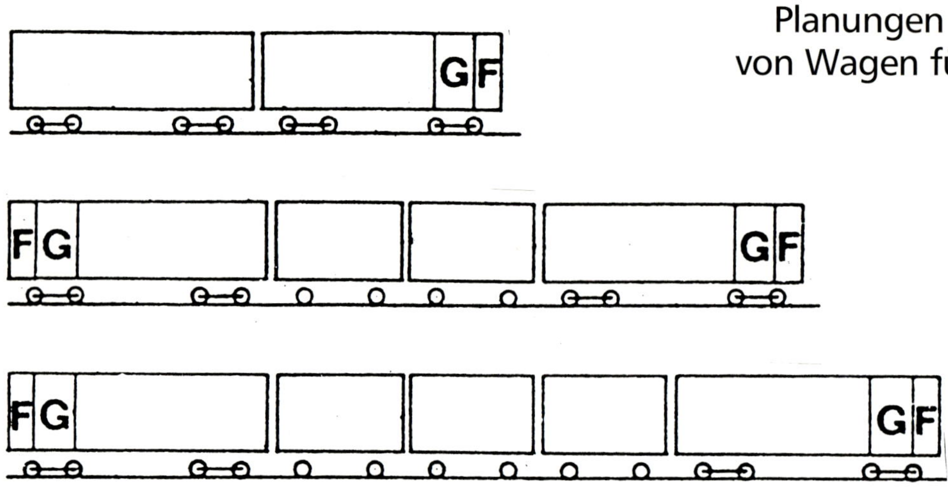

Planungen für die Neubeschaffung von Wagen für die Lichterfelder Bahn

Oben:
Zweiwagen-Einheit, bestehend aus vierachsigen Trieb- und Beiwagen (Vorbild der heutigen S-Bahn-Züge).
Mitte:
Vierwagen-Einheit, bestehend aus zwei vierachsigen Trieb- und zwei zweiachsigen Beiwagen.
Unten:
Zugeinheit der ersten elektrischen Berliner S-Bahn-Züge (Versuchszüge und spätere Baureihe 169) zum Vergleich.
Zeichnungen: Hütter

Technische Daten der elektrischen Triebwagen der Strecke Potsdamer Ringbahnhof – Groß Lichterfelde Ost

Betriebsnummer 1	**2981 – 2992**	**2031 – 2036**					
2	**513 – 524**	**501 – 506**	**507 – 512**	**525**	**526**	**527 – 530**	**531 – 532**
Baujahr	1903	1903	1906	1910	1910	1910	1916
Gattungszeichen	C4	B4	BC4	B4	BC4	C4	(B4)
Achsfolge	Bo'2'	Bo'2'	Bo'2'	Bo'2'	Bo'2'	Bo'2'	?
Dienstmasse (Mp)	40,25	42,5	40,4	45,9	44,6	44,15	31,2
größte Achslast (Mp)	12,0	13,5	12,0	12,48	12,5	12,44	7,8
Fahrmotor	GR [1]	GR [1]	GR [1]	GR [1]	GR [1]	GR [1]	GR [1]
Länge über Puffer (mm)	19.300	19.300	19.300	19.300	19.300	19.300	13.545 [2]
Drehgestellachsabstand (mm)	2.500	2.500	2.500	2.500	2.500	2.500	2.460
Wagenhöhe über SO (mm)	3.755	3.755	3.755	3.755	3.755	3.755	3.480
Wagenbreite (mm)	2.600	2.600	2.600	2.600	2.600	2.600	2.525
Sitzplätze 2. Klasse	–	58	26	58	26	–	(41)
Sitzplätze 3. Klasse	74	–	51	–	50	74	–
Stehplätze	?	?	?	?	?	?	104
Höchstgeschwindigkeit (km/h)	50	50	50	50	50	50	50
Ausmusterung	1930	1930	1930	1930	1930	1930	1930

[1] Gleichstromreihenschlußmotor, [2] Wagenkastenlänge

Entwicklung des Fahrzeugbestandes für die Lichterfelder Versuchsstrecke

bis zum ...	**Triebwagen 3. Kl.**	**Triebwagen 2. Kl.**	**Triebwagen 2./3. Kl.**	**Vorortwagen 3. Kl.**	**Vorortwagen 2. Kl.**
Juli 1903	12	6	–	zusammen 12	
Oktober 1905	12	6	–	9	6
September 1906	12	6	6	9	6
Dezember 1910	12	6	6	9	7
Oktober 1912	16	7	7	9	?
Januar 1914	16	7	7	9	9
November 1918	16	7	7	?	?
März 1920	16	9	7	?	?
Dezember 1927	16	9	7	zusammen 24	
Juli 1929	16	9	7	zusammen 24	

Zwischen Schöneweide und Spindlersfeld

Der elektrische Versuchsbetrieb von 1903 bis 1906

Von Hans-Joachim Hütter (vb 1983, Seite 81 bis 85)

Die elektrische Zugförderung hatte, bedingt durch die Ölkrisen nach 1973, auch bei der damaligen Deutschen Reichsbahn (DR) zunehmend an Bedeutung gewonnen. Ein Höhepunkt war seinerzeit der Anschluß Berlins an das im mitteldeutschen Raum bestehende elektrisch betriebene Streckennetz der Deutschen Reichsbahn. Damit war endlich auch jene Stadt an das elektrische Streckennetz angeschlossen, in der bereits kurz nach der Jahrhundertwende ein wesentlicher Grundstein für das heutige System der Fernbahn-Elektrifizierung gelegt worden war.

Schon im Jahre 1903 hatte man zwischen Niederschöneweide-Johannisthal (heute Berlin-Schöneweide) und Spindlersfeld den ersten elektrischen Versuchsbetrieb der Welt mit dem Einphasensystem aufgenommen. Die damals in den Versuchsbetrieb gesetzten Erwartungen, nämlich eine wirtschaftliche und technische Lösung zur Elektrifizierung von Strecken weiter Entfernungen zu schaffen, wurde erfüllt. Daß die damaligen technischen Lösungen in der Folgezeit weiter vervollkommnet wurden, mindert nicht die ingenieurtechnische Leistung jener Zeit.

Der erreichte Entwicklungsstand um die Jahrhundertwende

Die bis Anfang dieses Jahrhunderts in Deutschland durchgeführten Entwicklungsarbeiten auf dem Gebiet des elektrischen Bahnbetriebes hatten ein breites Anwendungsgebiet bei Straßen- und Kleinbahnen gefunden. Überwiegend wurde dabei das Gleichstromsystem angewendet, das für kurze Strecken unter damaligen Verhältnissen besonders wirtschaftlich war. Außerdem hatten die Untersuchungen ergeben, daß die Charakteristik des verwendeten Gleichstrom-Hauptschlußmotors (hohes Anzugsmoment bei niedrigen Drehzahlen) den Forderungen an einen Fahrzeugantrieb in idealer Weise entspricht. Für größere Entfernungen konnten aber gegenüber dem Dampfbetrieb keine wirtschaftlichen Vorteile nachgewiesen werden. Dies lag (und das gilt auch noch heute) unter anderem darin begründet, daß Gleichspannung nicht transformiert werden kann und daher kurze Abstände zwischen den benachbarten Einspeisestationen und somit eine Vielzahl derartiger Stationen erforderlich sind. Die Vielzahl derartiger Stationen verteuert aber den elektrischen Betrieb ganz erheblich.

Mit dem Drehstromsystem war man jedoch über einige Achtungserfolge auch nicht hinausgekommen. Zwar hat dieses System gegenüber dem zuvor genannten den Vorteil, daß sich die Spannung transformieren läßt, daß sich damit die Energieverluste entlang der Strecke wesentlich geringer halten lassen und daß der Abstand der Einspeisestationen erheblich erweitert werden kann. Dafür muß aber eine komplizierte Fahrleitung, besonders über Weichen und Kreuzungen, in Kauf genommen werden.

Versuche mit Einphasenwechselstrom hatten jedoch ebenfalls bislang nicht den gewünschten Erfolg gebracht. Die wesentlichen Vorteile eines solchen Systems, nämlich eine Fahrleitungsanlage nach der bewährten Art der Straßenbahn und die Transformierbarkeit der Spannung auf jede beliebige Größe, wurden durch die dem damaligen Entwicklungsstand der Technik entsprechenden unbefriedigenden Eigenschaften des Fahrmotors geschmälert. Dieser neigte nämlich zu erheblicher Funkenbildung am Kollektor und damit zu vorzeitigem Verschleiß.

Den Ingenieuren Winter und Eichberg gelang es nun, einen Einphasenwechselstrommotor zu entwickeln, der den bisherigen

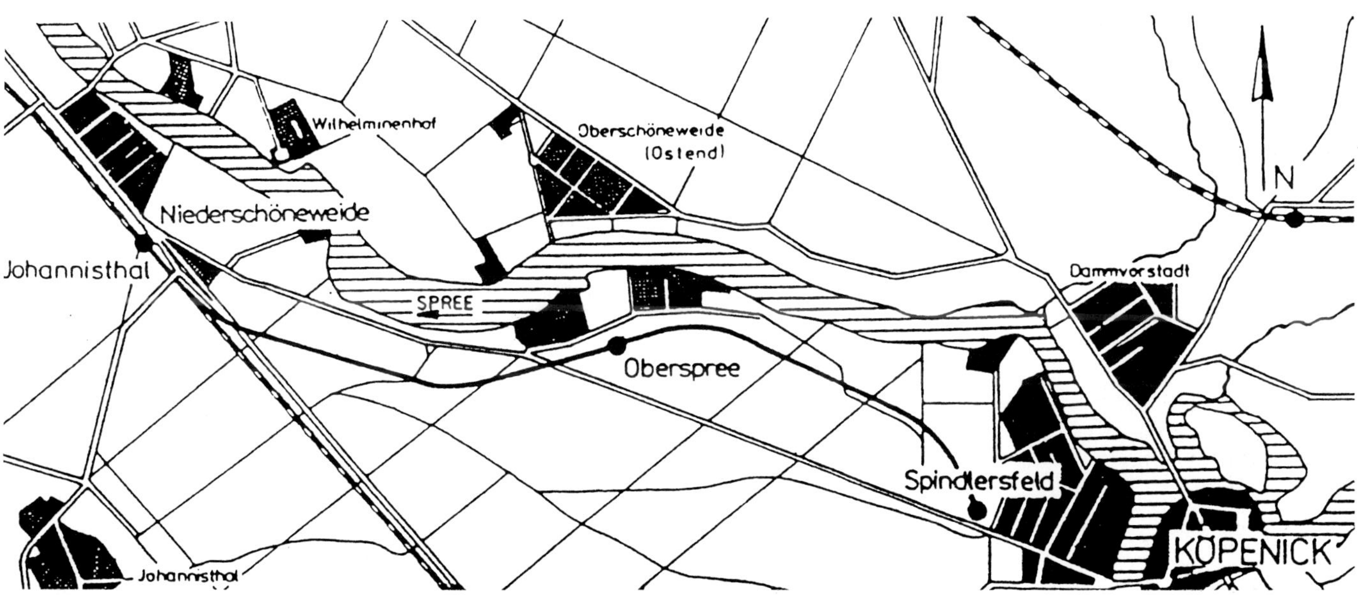

Lageplan der eingleisigen Eisenbahnstrecke Niederschöneweide-Johannisthal – Spindlersfeld um die Jahrhundertwende. Zeichnung: Günther

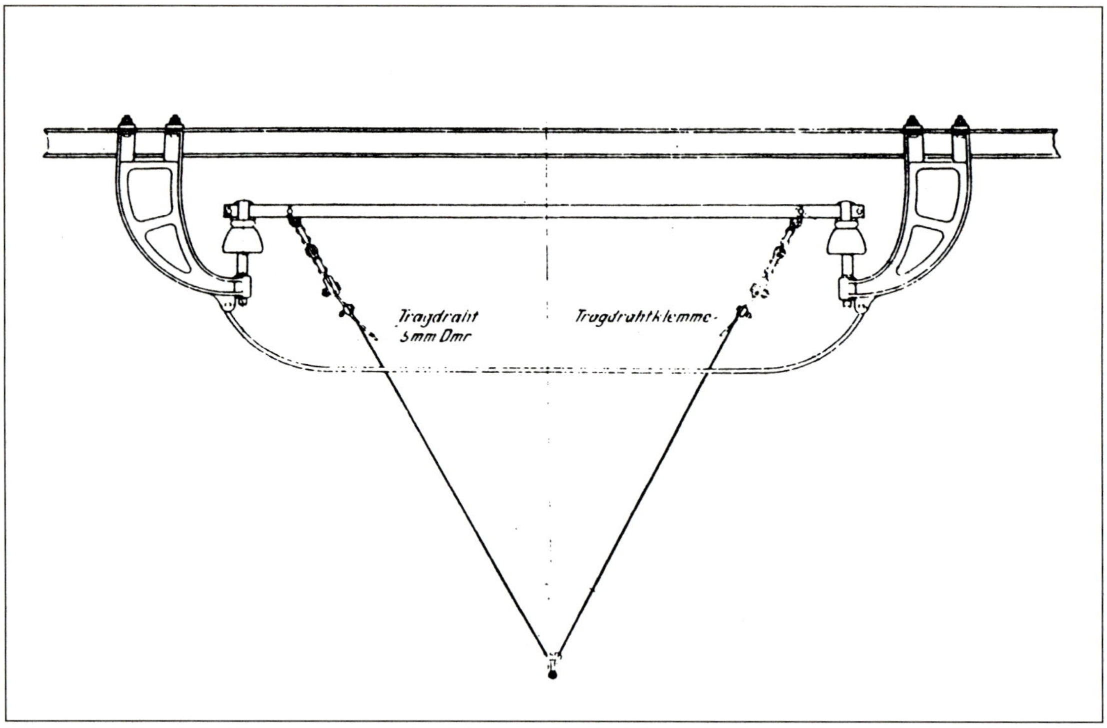

Schnittzeichnung der Fahrdraht-Aufhängung in V-Form. Zeichnung: Sammlung Hütter

Nachteil vermied. Man hatte nämlich festgestellt, daß mit sinkender Frequenz auch die Funkenbildung am Kommutator des Motors zurückging. So wurde ein nach den beiden Ingenieuren benannter Fahrmotor für 25 Hertz (Landesfrequenz 50 Hertz) gefertigt und mit Erfolg im Prüfstand getestet. Damit waren nun die Voraussetzungen dafür gegeben, diesen Motor im praktischen Betrieb erproben zu können.

Die Einrichtung des Probebetriebes

Der von Winter und Eichberg entwickelte Einphasenwechselstrommotor wurde in einer Versuchslokomotive auf dem Werksgelände der UEG (später AEG) mit Erfolg getestet. Somit war die Zeit herangereift, den Motor im praktischen Bahnbetrieb zu erproben. Die Königlich Preußische Eisenbahnverwaltung (KPEV) stellte für diesen Zweck die Strecke Niederschöneweide-Johannisthal – Spindlersfeld für die Erprobung zur Verfügung. Es war vereinbart worden, daß die KPEV die Fahrzeuge bereitstellt und daß die UEG die Strecke und die Fahrzeuge ausrüstet.

Für einen derartigen Versuchsbetrieb mit den zu berücksichtigenden Risiken bot die Strecke günstige Voraussetzungen. So wie heute war es bereits damals eine etwa 4 km lange, eingleisige Strecke, in deren Mitte sich der Bahnhof Oberspree befand. Hier konnten damals Züge kreuzen. Der Zugverkehr war, verglichen mit der heutigen Zeit, bescheiden. Dennoch konnte der elektrische Zugbetrieb im angestrengten Berufsverkehr seine Leistungsfähigkeit nachweisen. Zugleich war es aber auch möglich, einen die Strecke blockierenden, defekten elektrischen Zug durch eine der im Bahnhof Niederschöneweide-Johannisthal stationierten Lokomotiven in kurzer Zeit abschleppen zu lassen. Die Strecke konnte überwiegend mit einer Höchstgeschwindigkeit von 60 Kilometer pro Stunde befahren werden.

Fahrdrahtaufhängung an Quertragwerken, vermutlich am heutigen Bruno-Bürgel-Weg. Foto: Sammlung Hütter

Streckenausrüstung

Die oben genannte Versuchsstrecke wurde durch die UEG mit einer Oberleitung ausgerüstet. Während jedoch für die Straßenbahn wegen der damals erzielbaren Geschwindigkeiten die sogenannte Einfachfahrleitung (der Fahrdraht wird an Auslegern von längs der Strecke aufgestellten Masten ohne Tragseil aufgehängt) für eine kontaktsichere Energieübertragung zwischen Fahrleitung und Stromabnehmer genügte, war bei den nun erzielbaren höheren Geschwindigkeiten die Kontaktsicherheit mit dieser Fahrleitungsart nicht mehr gewährleistet. So zog man ein bzw. zwei stählerne Tragseile, die isoliert an Masten unterschiedlicher Ausführungsform aufgehängt wurden. An diesen Tragseilen wurde der eigentliche Fahrdraht in Abständen von etwa drei Metern befestigt. Neben der verbesserten Kontaktsicherheit wurde, so argumentierte man seinerzeit, das Bahnpersonal nicht gefährdet, wenn etwa der Fahrdraht brechen würde. Bei Befestigungsabständen von drei Metern würde nämlich das unter Spannung stehende und gerissene Drahtende minimal bis etwa 2,5 Meter über Schienenoberkante reichen und so Menschen nicht gefährden.

Die Fahrleitungsspannung von 6000 Volt, 25 Hertz wurde direkt von der in Niederschöneweide gelegenen Zentrale der Berliner Elektrizitätswerke bezogen. Dadurch brauchte nur ein Schalthaus errichtet zu werden, in dem die Oberleitung über die erfor-

Von der Lokalbahn AG wurden zwei gleichartige Triebwagen erworben und für den Versuchsbetrieb eingesetzt. Foto: Sammlung Hütter

derlichen Schalt- und Schutzeinrichtungen angeschlossen wurde. Die Fahrschienen bildeten die Rückleitung, die geerdet und mit dem E-Werk ebenfalls über ein Kabel verbunden war. Das Schalthaus befand sich in unmittelbarer Nähe des Bahnhofs Niederschöneweide-Johannisthal.

Fahrzeuge

Die KPEV stellte für die Strecke zwei sechsachsige Triebwagen zur Verfügung, die ursprünglich für die Lokalbahn Murnau–Oberammergau bestimmt und vom Waggonbau Weimar gebaut worden waren, durch den Konkurs der Herstellerfirma für die elektrische Ausrüstung aber nicht mehr fertiggestellt werden konnten. Jeder Triebwagen wog 51 660 Kilogramm und verfügte in der 1. und 2. Klasse über 21 und in der 3. Klasse über 28 Sitzplätze.

Jeder Triebwagen erhielt zwei ständig parallel geschaltete Winter-Eichberg-Fahrmotoren mit einer Stundenleistung von je 75 kW, die im Schadensfall einzeln abgeschaltet werden konnten. Eingeschaltet wurden die Fahrmotoren durch elektromagnetische Schütze, die vom Fahrschalter angesteuert wurden und die die Anker der Fahrmotoren mit den verschiedenen Anzapfungen des Transformators verbanden. Diese Art der Steuerung gestattet es, mehrere Triebwagen gleichzeitig von einem Fahrerstand aus anzusteuern. Je nach Auslenkung der Fahrschalterkurbel wurde die Geschwindigkeit nach Art der Straßenbahn reguliert. Ein an der Kurbel vorhandener Druckschalter löste eine Bremsung aus, wenn er während der Fahrt, etwa bei plötzlich auftretender Dienstuntauglichkeit des Triebfahrzeugführers, losgelassen wurde. Diese Einrichtung sorgte für ausreichende Sicherheit auf der mit einigen unbeschrankten Wegübergängen versehenen Strecke.

Für die Speisung der Hilfsbetriebe, wie Drucklufterzeugung, Zugsteuerungen, Heizung und Beleuchtung, war ein besonderer Transformator vorhanden. Die Beleuchtungsspannung betrug 35 Volt.

Die elektrischen Geräte waren getrennt nach Hoch- und Niederspannung untergebracht. Die in einer feuerfesten Hochspannungskammer untergebrachten Baugruppen waren gesondert gesichert. Solange die Bügel an der Fahrleitung anlagen, war der Zugang zu dieser Kammer verriegelt. Außerdem befand sich ein Teil der elektrischen Ausrüstung unterhalb des Wagenfußbodens. Um den Stoßverkehr während der Hauptverkehrszeit besser abfangen zu können, stellte die KPEV später noch drei Vorortwagen der damals üblichen Bauweise zur Verfügung. Diese Wagen wurden in der Beleuchtung und in der Heizung dem elektrischen Zugbetrieb angepaßt.

Der Versuchsbetrieb

Nach Abschluß der nötigen Vorarbeiten konnte in der Nacht vom 14. zum 15. August 1903 der elektrische Probebetrieb zwischen Niederschöneweide-Johannisthal und Spindlersfeld aufgenommen werden. Für diesen Probebetrieb stand in der ersten Zeit nur ein Triebwagen zur Verfügung. Das Inbetriebnahmedatum der übrigen Wagen ist nicht bekannt, doch läßt sich die Aussage treffen, daß der zweite Triebwagen und die drei Vorortwagen bis zum Februar 1904 fertiggestellt waren.

Bis zum 3. Juli 1904 verkehrten die elektrischen Triebwagen ausschließlich zu Versuchszwecken zwischen den dampflokbespannten Regelzügen. Dabei wurden die Zugbildungen T; T+T oder T + B + B + B + T gewählt.

In der elfmonatigen Erprobungszeit erfolgten umfangreiche Untersuchungen an der fahrzeugseitigen elektrischen Ausrüstung, an dem Verhalten der Fahrleitung bei unterschiedlichen Geschwindigkeiten der Fahrzeuge und hinsichtlich der sicheren Energieübertragung zwischen Fahrleitung und Stromabnehmer. Im Ergebnis dieser Untersuchungen wurde festgestellt, daß sich mit den gewählten technischen Einrichtungen ein sicherer und zuverlässiger Betrieb abwickeln ließ.

Der erreichte Entwicklungsstand erlaubte es Mitte des Jahres 1904, die Triebwagen im öffentlichen Verkehr zu erproben. Am 29. Juni 1904 wurde dazu eine weitere Versuchsfahrt absolviert, die letzten Aufschluß über die Betriebssicherheit für Fahrten mit Fahrgästen geben sollte. Da auch sie erfolgreich verlief, vereinbarten KPEV und UEG die Aufnahme eines regelmäßigen Zugbetriebes mit den elektrischen Triebwagen ab 4. Juli 1904, der nur im Berufsverkehr durch einige Dampfzüge unterstützt werden sollte.

Triebwagenzug des Versuchsbetriebes auf der Fahrt durch die Köllnische Heide zwischen den Stationen Oberspree und Spindlersfeld. AEG-Werksfoto, Sammlung Hütter

Die Fahrzeiten zwischen Niederschöneweide-Johannisthal und Spindlersfeld wurden allerdings nicht verringert, obwohl dies wegen der höheren Höchstgeschwindigkeit der elektrischen Triebwagen möglich gewesen wäre. Es mußte jedoch berücksichtigt werden, daß wieder Dampflokomotiven einzusetzen waren, sobald entweder die Energieversorgung ausfiel oder die Triebwagen versagten.

Ein Blick in das Reichskursbuch vom August 1904 verrät jedoch, daß der Zugverkehr zu jener Zeit nicht mit dem heutigen vergleichbar ist. Während heute ganztägig eine 20-Minuten-Zugfolge von und nach Spindlersfeld besteht, war eine derartige Zugfolge 1904 nur im Berufsverkehr vorgesehen. In der übrigen Tageszeit bestand ein stündlicher Zugverkehr.

Bereits im Jahre 1904 entschied sich die KPEV dafür, dieses Stromsystem auf einem größeren Streckennetz unter härteren Bedingungen zu erproben. Dafür wurde der Hamburger Stadt- und Vorortbetrieb ausgewählt. Dort wurde im Oktober 1907 der elektrische Zugbetrieb mit einzelnen und ab 29. Januar 1908 mit allen Zügen aufgenommen.

Bevor es jedoch dazu kam, baute die AEG zwei kurzgekuppelte Triebwagen und ließ sie in den Eisenbahnwerkstätten in Berlin-Tempelhof mit den elektrischen Einrichtungen ausrüsten. Ende 1905 begannen mit diesen Wagen die Probefahrten zwischen Niederschöneweide-Johannisthal und Spindlersfeld. Naturgemäß schwand aufgrund dieser Entscheidung und dem Zuwenden der neuen Aufgabe das allgemeine Interesse an der Versuchsbahn in Berlin, zumal sie ihren Zweck erfüllt hatte. Am 1. März 1906 wurde der elektrische Zugbetrieb auf dieser Strecke aufgegeben.

Während die drei Beiwagen wieder dem Wagenpark der Vorortzüge eingegliedert worden sein dürften, bekamen die beiden Triebwagen ein Jahr später für kurze Zeit ein neues Einsatzgebiet: Auf einem nahe Oranienburg gelegenen Gleisoval verkehrten sie in einem ferngesteuerten Zugbetrieb, bei dem verschiedene Oberbauformen im Dauerbetrieb getestet wurden. Über ihr weiteres Schicksal ist dem Verfasser nichts bekannt.

Versuchsergebnisse

Der Versuchsbetrieb zwischen Niederschöneweide-Johannisthal und Spindlersfeld diente zahlreichen Untersuchungen. An erster Stelle muß dabei die Antriebsfrage genannt werden, der eigentliche Zweck der Anlage und der Versuche. Die in den Motor gesetzten Hoffnungen – funkenfreier Lauf und damit wartungsarme Unterhaltung, gutes Regelverhalten, kurzzeitige Überlastbarkeit und Unempfindlichkeit gegenüber Spannungsschwankungen – erfüllten sich vollständig. Da auch die übrigen Schalteinrichtungen den an sie gestellten Anforderungen im Wechselstrombetrieb entsprachen, hatte man fahrzeugseitig die grundsätzliche Lösung für ein Einphasenwechselstrom-Triebfahrzeug gefunden.

Neben den fahrzeugseitigen Untersuchungen galt auch ein besonderes Augenmerk der Fahrleitung. Die Annahme, daß die Straßenbahnfahrleitung für hohe Geschwindigkeiten ungeeignet sei und durch zusätzliche Maßnahmen verbessert werden müsse, wurde ebenfalls bestätigt. Durch die besondere Art der Fahrdrahtaufhängung über ein Tragseil hing die Anlage zwischen den Fahrleitungsmasten nicht durch, und somit traten auch keine Knickpunkte am Befestigungspunkt der Fahrleitung, am Mastausleger, auf, die zum Bügelspringen und damit zu Kontaktunsicherheiten führen konnten.

Außerdem wurden Untersuchungen geführt, inwieweit Signal- und Fernmeldeanlagen durch die hohe Fahrleitungsspannung beeinflußt wurden.

Das unbestreitbare Verdienst dieser Versuche ist die Tatsache, nachgewiesen zu haben, daß

1. elektrische Energie hoher Spannung mittels einer relativ einfachen Fahrleitung verlustarm übertragen werden kann,
2. eine hohe Fahrdrahtspannung kontaktsicher vom Fahrzeug abgenommen werden kann, wenn die Fahrleitung entsprechend ausgebildet ist,
3. auf dem Triebfahrzeug durch Transformatoren jede gewünschte Spannung abgegriffen werden kann,
4. mit dem Winter-Eichberg-Motor erstmalig in Deutschland ein Einphasen-Wechselstrommotor für den Bahnbetrieb geschaffen wurde, der den Ansprüchen genügte,
5. das gleichzeitige Ansteuern mehrerer Triebfahrzeuge von einem Fahrerstand aus im Wechselstrombetrieb möglich ist.

Schlußbetrachtung

Mit den vorliegenden Versuchsergebnissen war nunmehr die Grundlage dafür geschaffen worden, Eisenbahnstrecken größerer Entfernungen elektrifizieren zu können. In der Folgezeit wurde der Winter-Eichberg-Motor durch den verbesserten „Behn-Eschenberg-Motor" (benannt nach seinem Erfinder) ersetzt und die Frequenz des Einphasenwechselspannungssystems für die Fernbahnelektrifizierung auf 16 $^2/_3$ Hz festgelegt. Die von der üblichen Frequenz der Landesspannung von 50 Hz abweichende Frequenz der Bahnspannung zwang jedoch fortan dazu, daß die Bahnverwaltungen eigene energieerzeugende Werke aufbauen mußten. Die guten Eigenschaften des Fahrmotors einerseits und die gegenüber dem Gleichspannungssystem größeren Unterwerksentfernungen mit den daraus resultierenden geringeren finanziellen Aufwendungen andererseits rechtfertigten jedoch diese Maßnahmen.

Der erfolgreiche Abschluß des elektrischen Versuchsbetriebes zwischen Niederschöneweide-Johannisthal und Spindlersfeld muß aus eisenbahntechnischer Sicht als eine Pionierleistung der Fernbahnelektrifizierung angesehen werden. Dieses Einphasenwechselspannungssystem war in der Folgezeit Vorbild für viele Bahnverwaltungen, ihre Strecken entsprechend zu elektrifizieren und noch heute in gleicher Form zu betreiben.

Dampf contra Elektrizität
Vom Widerstreit zwischen Wirtschaftlichkeit und Fortschritt

Von Dietrich Kutschik (vb 1978, Seite 38 bis 40)

Als im vorigen Jahrhundert auf den Berliner Stadt-, Ring- und Vorortbahnen der Personennahverkehr aufgenommen wurde, kamen als Beförderungsmittel dampflokbespannte Personenzüge zum Einsatz. Diese Traktionsart hatte sich wegen des damaligen technischen Entwicklungsstandes international durchgesetzt. Zum Beginn des Nahverkehrs auf Eisenbahn-Trassen erfüllten zweifachgekuppelte Tenderlokomotiven mit Laufachse vorne oder hinten, später auch mit vorderer und hinterer Laufachse, die gestellten Anforderungen.

Gegen Ende des vorigen Jahrhunderts nahm die Industrialisierung in Berlin gewaltigen Aufschwung. Neue Industriezweige mit den dazu gehörigen Fabrikationsstätten entstanden, die sich im Stadtgebiet und den Vororten ansiedelten. Bereits etablierte Unternehmen siedelten mit Produktionsstätten ins Umland, da im Stadtgebiet Erweiterungsmöglichkeiten fehlten. Mit dem industriellen Aufschwung Berlins nahm auch die Bevölkerung zu, die jedoch wegen der Besiedelungsdichte im Stadtinneren immer mehr auf die Randbezirke ausweichen mußten. Diese Entwicklung hatte naturgemäß auch Rückwirkungen auf die Verkehrsbeziehungen. Die Verkehrsmittel mußten zwangsläufig den längeren Wegen zwischen Wohn- und Arbeitsstätten Rechnung tragen, mußten häufiger verkehren und zudem noch mehr Personen befördern. Der damit verbundenen Leistungssteigerung waren die kleinen Lokomotiven jedoch nicht mehr gewachsen. Die erhöhten Zuggewichte führten dazu, daß infolge der geringen Reibungsmasse der Lokomotiven die Kuppelachsen der Lokomotive schleuderten und damit die Anfahrt und die Einhaltung des Fahrplanes erschwert wurden.

Es war somit der Zeitpunkt für eine Entscheidung darüber herangereift, wie die gestiegenen Beförderungsleistungen erbracht werden können. Eine mögliche Lösung war die Beschaffung eines leistungsfähigen Dampflokomotivtyps. Zu jener Zeit wurden aber auch erste Vorstellungen erarbeitet, die Stadt- und Ringbahn zu elektrifizieren und mit dieser neuen Traktionsart die geforderte Leistungssteigerung zu erbringen. Nachdem 1896 in Budapest die elektrische Untergrundbahn, von einer Berliner Elektrofirma gebaut, eröffnet worden war, in Berlin und Umgebung schon mehrere Straßenbahn-Linien elektrisch betrieben wurden und die erste Strecke der Berliner Hoch- und Untergrundbahnen kurz vor ihrer Vollendung stand, lagen also genügend Erfahrungen vor, ein derartiges Projekt in Angriff zu nehmen.

Die Staatsbahn konnte sich jedoch mit dem Gedanken eines ausschließlich elektrischen Zugbetriebes in Berlin nicht anfreunden, da ihr das Risiko, insbesondere die Abhängigkeit von einer stabilen Stromversorgung, als zu groß erschien. Deshalb entschied sie sich für die Entwicklung neuer Dampflokomotiven mit drei gekuppelten Achsen. Es entstanden die Lokomotiven der preußischen Gattung T 6, T 11 und T 12, wobei letztere über viele Jahre hinweg die typischen Dampflokomotive im Berliner Stadt-, Ring- und Vorortverkehr war. Um jedoch eigene Erfahrungen mit dem elektrischen Zugbetrieb sammeln zu können, stimmte die Staatsbahn einem Versuchsbetrieb auf der sogenannten Wannseebahn zwischen dem Wannseebahnhof, einem Teil des Potsdamer Bahnhofs in Berlin, und Zehlendorf zu.

Am 1. August 1900 wurde dieser Zugbetrieb eröffnet. Da nur ein Zug in Erprobung stand, der zwischen den Dampfzügen in

Die 1'C1'-Dreizylinder-Naßdampf-Tenderlokomotiven der Gattung T6 bewährten sich nicht im harten Berliner Stadt-, Ring- und Vorortverkehr. 6703 Berlin (Schwartzkopff, Baujahr 1902) sah man deshalb nur an Wochenenden im Verstärkerdienst vor Berliner Personenzügen. Foto: Sammlung Kutschik

deren Fahrplan verkehrte, konnte betriebswirtschaftlich keine Überlegenheit der elektrischen Traktion ausgewiesen werden. Der Versuchsbetrieb wurde am 1. Juli 1902 wieder eingestellt.

Die aus dem Versuch auf der Wannseebahn gewonnenen Erfahrungen, im gemischten Zugbetrieb keinen echten Vergleich zwischen beiden Traktionsarten erzielen zu können, führten zu einem rein elektrischen Versuchsbetrieb zwischen dem Potsdamer Ringbahnhof in Berlin und Groß Lichterfelde Ost (später Lichterfelde Ost) an der Anhalter Bahn, der am 4. Juni 1903 eröffnet wurde. Dieser Betrieb zeigte dann auch im Ergebnis die betriebswirtschaftlichen Vorteile gegenüber den dampflokbespannten Zügen. Hinzu kam noch der Vorteil eines sauberen und umweltfreundlichen Zugbetriebes. Schon nach kurzer Zeit war dieser Zugbetrieb dem Versuchsstadium entwachsen und zu einem integralen Bestandteil des Berliner Verkehrs geworden. Bis zum 2. Juli 1929 erfüllte er alle Erwartungen und mußte dann im Zuge einer einheitlichen Verkehrsgestaltung den neuen elektrischen Fahrzeugen mit 800 Volt Gleichspannung weichen.

Zu erwähnen ist noch, daß zwischen den Bahnhöfen Niederschöneweide-Johannisthal und Spindlersfeld zur gleichen Zeit ein Versuchsbetrieb mit elektrischen Triebwagen und Oberleitung mit einer Fahrdrahtspannung von 6 kV und 25 Hertz Wechselspannung durchgeführt wurde. Er blieb aber für die Berliner Stadt-, Ring- und Vorortbahnen ohne Bedeutung, schuf jedoch die Grundlage für die Elektrifizierung der Hamburger Vorortstrecken.

Diese Beispiele zeigen, daß man durchaus in der Lage war, mit der elektrischen Zugförderung einen sicheren Zugbetrieb zu gewährleisten. Die Staatsbahn war sich aber längere Zeit nicht über das Stromsystem einig und scheute auch die hohen Kosten einer Elektrifizierung der Berliner Strecken. Außerdem bestand auch nicht mehr der unmittelbare Zwang einer Leistungserhöhung, weil die neue Heißdampflokomotive T 12 ihre Bewährung bestanden hatte und den gestiegenen Anforderungen vollauf gewachsen war. Die Gattung T 6, eine 1'C1'-Dreizylinder-Naßdampftenderlokomotive, hatte sich nicht bewährt. Zwar bewährte sich die Gattung T 11, eine 1'C-Zweizylinder-Naßdampftenderlokomotive (spätere DR-Bezeichnung $74.^{0-3}$), doch wurde die T 12 (spätere DR-Bezeichnung $74.^{5-12}$) wegen der Heißdampfausführung und den effektiveren Einsatzmöglichkeiten vorgezogen und bis 1921 in einer großen Stückzahl beschafft.

In der Zwischenzeit hatten sich Gegner und Befürworter der Elektrifizierung aus den Kreisen der Staatsbahn, der Industrie und sogar des Parlaments in zwei Lagern zusammengeschlossen. Die Vertreter der Dampflokomotive konnten mit Recht auf einen zuverlässigen Betrieb verweisen, die Leistungsreserven ihres Triebfahrzeuges waren noch nicht völlig ausgeschöpft. Die Vertreter der elektrischen Traktion argumentierten dagegen mit ihrem umweltfreundlichen Betrieb sowie ständiger Einsatzfähigkeit und geringer Wartung ihrer Fahrzeuge.

Im Jahre 1913 erreichte der Kampf um die Elektrifizierung seinen Höhepunkt, als zum Beweis der Leistungsfähigkeit der Dampftraktion die sogenannte „Kampflokomotive", eine vierfach gekuppelte Dreizylinder-Heißdampflokomotive mit vorderer und hinterer Laufachse beschafft wurde. In Versuchen konnte nachgewiesen werden, daß sowohl die Kampflokomotive als auch die T 12 in der Lage waren, je Stunde und Richtung die gleiche Anzahl an Zügen zu befördern, wie sie für den elektrischen Betrieb vorgesehen waren. Damit hatte zwar die Dampflokomotive im Leistungsvermögen mit der elektrischen Traktion gleichgezogen, konnte aber deren weitere Vorteile nicht ausgleichen. Da aber auch die Bevölkerung in der Innenstadt, die in unmittelbarer Nähe der Bahn wohnte, öffentlich ihren Unmut über die Rauch- und Rußbelästigung äußerte, fiel nach jahrelanger Verzögerung noch im gleichen Jahr die Entscheidung, die Stadt- und Ringbahn mit Wechselspannung 15 kV und 15, später 16 $^2/_3$ Hertz (wie die 1911 eröffnete Strecke Bitterfeld–Dessau) zu elektrifizieren. Um die Kosten gering zu halten wurde festgelegt, die vorhandenen Wagen weiter zu verwenden. So wurden führerstandslose Triebgestelle beschafft, die vor den Zug gesetzt wurden. Der erste hinter dem Triebgestell laufende Wagen erhielt einen Führerstand und Stromabnehmer. Die mit den Zügen erfolgten Probefahrten auf der Strecke Bitterfeld–Dessau verliefen erfolgreich.

Der Erste Weltkrieg und seine Folgen machten vorläufig alle Elektrifizierungspläne zunichte und neue Überlegungen erforderlich. Der Wagenpark, der ausschließlich aus Abteilwagen bestand, war so stark in Mitleidenschaft gezogen, daß der größte Teil erneuert werden mußte. Die neugegründete Deutsche Reichsbahn sollte sich für den Bau von Triebwagen-Zügen und die Anwendung des Gleichstrom-Systems entscheiden.

8754 Berlin, die letzte von Borsig 1921 gebaute T 12 (später 74 300) war im Bw Berlin Potsdamer Ringbahnhof stationiert. Die 1'C-gekuppelte Heißdampflokomotive war die *typische Berliner Stadtbahnlok. Foto: Sammlung Kutschik*

Die 1'C-Zweizylinder-Naßdampf-Tenderlokomotiven der Gattung T 11 waren der T 12 leistungsmäßig unterlegen.
Die Aufnahme zeigt die T 11 7511 Berlin der Betriebswerkstätte Stralau.
Sie wurde gebaut von Union Königsberg im Jahre 1903 mit der Fabriknummer 1270, spätere Bezeichnung 74 003.
Fotos: Sammlung Kutschik

In der Auseinandersetzung „Dampf oder Elektrizität" schickte die deutsche Dampflokindustrie die sog. „Kampflok" (spätere 8508 Berlin) ins Rennen, daß heißt, zu Probefahrten, die teilweise in der nächtlichen Betriebspause auf den Gleisen der Stadt- und Ringbahn stattfanden.

Die ersten elektrischen Berliner S-Bahn-Wagen

Versuchszüge für die Stadt-, Ring- und Vorortbahnen Berlins

Von Hans-Joachim Hütter (vb 1975, Seite 25 bis 35)

Einleitung

Nach einigen Vorversuchen mit einem elektrischen Vollbahnbetrieb in Deutschland wurde im Jahre 1913 ein Gesetz verabschiedet, wonach die preußische Staatsregierung zur Elektrifizierung der Stadt-, Ring- und Vorortstrecken die erforderlichen Mittel bewilligte. Die Pläne sahen die Verwendung von Einphasenwechselstrom (15 Kilovolt und 16 $^{2}/_{3}$ Hertz) mit Oberleitung vor. Als Betriebsmittel wurden Triebgestelle (führerstandslose Triebfahrzeuge) und der vorhandene Wagenpark (Abteilwagen preußischer Bauart) vorgesehen. Der Erste Weltkrieg verhinderte jedoch die Realisierung.

Eine Bestandsaufnahme des Erreichten und neue Wirtschaftlichkeitsuntersuchungen führten Anfang der 20er Jahre zu grundsätzlich anderen Entscheidungen: zum Einsatz von Triebwagenzügen und zur Nutzung von 800 Volt Gleichspannung mit Stromschiene. Vor der Elektifizierung aller Berliner Strecken sollten auf einem kleinen Streckennetz Erfahrungen gesammelt werden hinsichtlich der Stromversorgungsanlagen, Betriebsführung und der Fahrzeuggestaltung. Für den elektrischen Betrieb wurden die Strecken von Bernau, Oranienburg und Velten zum Berlin Stettiner Vorortbahnhof (heute Nordbahnhof) ausgewählt, die zum Teil bereits viergleisig ausgebaut waren und somit einen vom übrigen Verkehr unabhängigen Vorortbetrieb ermöglichten.

Um die günstigste Gestaltung der künftigen Fahrzeuge zu ermitteln, sind zunächst sechs Züge in Auftrag gegeben worden, die später als Versuchs-Züge A, B, C, D, E und F bezeichnet wurden. Sie sollten in die bestehenden Fahrpläne eingebaut werden und zwischen den Dampfzügen verkehren. Gegenstand der weiteren Betrachtungen sind diese als Bauart 1922 bzw. als Versuchszüge bezeichneten Fahrzeuge.

Baugrundsätze

Die relativ geringe Zahl an Zügen für das 70,5 Kilometer lange und in Etappen elektrifizierte Streckennetz reichte nicht aus, um die Strecken ausschließlich mit den neuen elektrischen Zügen befahren zu können. Das war vorerst auch nicht beabsichtigt, sollten doch zunächst Erfahrungen speziell über die Raumaufteilung des Fahrgastraumes gewonnen werden, die bei der beabsichtigten Erneuerung des Wagenparkes zu berücksichtigen wären. Aus diesem Grund sind zwar alle Wagen des Zuges einheitlich, die sechs Züge untereinander aber durch Variationen der Zahl und Größe der Ein- und Ausstiegstüren sowie der Fenster und Sitzplatzanordnung abweichend gestaltet worden.

Fünf der sechs Züge hatten die gleiche wagenbauliche Konzeption. Sie wurden aus vier vierachsigen Trieb- (T) und sechs zweiachsigen Beiwagen (B) in der folgenden Zusammenstellung gebildet: T + B + B + B + T + T + B + B + B + T.

Während die Triebwagen beiderseitig mit der Willison-, später mit der Scharfenbergkupplung ausgestattet waren, sind die Beiwagen untereinander nach dem Vorbild der preußischen Abteilwagen der Stadtbahn kurzgekuppelt worden. Die kleinste Einheit, die einsatzfähig war, bestand aus zwei Triebwagen und drei zwischengekuppelten Beiwagen; sie wurde Halbzug genannt.

Die gleiche Zugbildung wies der sechste Zug auf, doch waren hier die einzelnen Wagen des Halbzuges über Jakobsdrehgestelle verbunden. Die Idee, die Enden zweier Wagenkästen in einem Drehgestell zu lagern, war bereits Anfang dieses Jahrhunderts geboren worden. Nach seinem Konstrukteur wurde das Drehgestell als Bauart Jakob benannt. Die damaligen Länderbahn-Verwaltungen zweifelten zwar die Vorteile dieser Bauart, wie geringes Fahrzeuggesamtgewicht und ruhigeren Wagenlauf, nicht an, konnten sich aber zu einer Erprobung im großen Umfang nicht entschließen. Erst nachdem sich im Ausland die Bauart bewährt hatte, entschloß man sich auch in Deutschland, Jakobsdrehgestelle zu bauen. Zu einem der ersten in dieser Zeit gebauten Fahrzeuge kann der Versuchszug für die Berliner Nordstrecken gerechnet werden. Für alle Triebwagen wurde die Achsfolge Bc' 2 gewählt, d. h. daß nur die beiden Achsen der Enddrehgestelle angetrieben wurden. Diese Konzentration der Motorleistung hatte konstruktive Besonderheiten des Wagenkastens zur Folge.

Der erste serienmäßige Fahrzeugtyp der Berliner S-Bahn, die Bauart „Bernau" von 1924 (ab 1942 Baureihe ET/EB 169). Sie wurde als Ergebnis des Versuchsbetriebes auf den Nordstrecken mit den Zügen der Typen A – F entwickelt. Foto: Sammlung Bock

Konstruktive Besonderheiten

Gegenüber den alten Stadtbahnwagen in Abteilbauweise sollten neue wagenbauliche Prinzipien erprobt werden. Begünstigt durch die im vorgesehenen Einsatzgebiet vorhandene Bahnsteighöhe von 760 Millimeter über Schienenoberkante konnten die Wagen bei einer festgelegten Fußbodenhöhe von 1000 Millimeter über Schienenoberkante ohne Einstiegstritt gestaltet werden. Die Differenz von 240 Millimeter ohne Zwischenstufe konnte den Reisenden zugemutet werden. Da an Stelle der Drehtür der alten Stadtbahnwagen bei den neuen Zügen der einflügeligen Schiebetür der Vorzug gegeben wurde, ist das bestehende Profil der Wagenbegrenzung ohne besondere Formgestaltung des Wagenkastens voll ausgenutzt worden. Andererseits waren durch die Bauart der Türen die an der Bahnsteigkante stehenden Reisenden nicht gefährdet, wenn die Türen bei einfahrenden Zügen vorzeitig geöffnet wurden.

Einen entscheidenden Einfluß auf die Gestaltung der Wagen hatte jedoch die gewählte Achsfolge. Um das gestellte Fahrprogramm erfüllen zu können, mußten die Fahrmotoren entsprechend leistungsfähig ausgelegt werden. Die Berechnungen des Antriebes ergaben dabei einen erforderlichen Treibrad-Durchmesser von 1000 Millimeter. Demgegenüber wurde der Durchmesser der Laufachsen mit 850 Millimeter festgelegt. Da aber der Fußboden mit 1000 Millimeter über Schienenoberkante zur Gewährleistung einer trittstufenlosen Ausführung der Wagen festgelegt war, mußte der Fußboden im Bereich des Triebdrehgestelles auf 1220 Millimeter erhöht werden. Die wagenbaulichen Konsequenzen waren weitreichend, denn über dem Triebdrehgestell mußte der Langträger durchgekröpft und zudem der Wagen in diesem Bereich zugespitzt werden, damit die erforderlich gewordene Trittstufe nicht über das Fahrzeug-Begrenzungsprofil hinausragte.

Die Triebwagen bekamen dadurch ihr charakteristisches Aussehen. Das an den Führerraum angrenzende Abteil war nicht so bequem wie die übrigen Abteile zu erreichen. Dadurch verzögerte sich der Fahrgastwechsel in diesen Abteilen, was wiederum zu einer Verlängerung der Fahrzeiten führte. Weiterhin wurde die Beobachtung des ausfahrenden Zuges durch den Zugbegleiter wegen Sichtbehinderung zum Problem, da er sich weit aus der Tür hinauslehnen mußte.

Eine weitere Folge der gewählten Achsanordnung war die unterschiedliche Länge zwischen Trieb- und Beiwagen. Um das Mindest-Reibungsgewicht des Triebwagens zu erreichen, war eine Länge von 20 Meter notwendig. Unter Berücksichtigung der vorhandenen Bahnsteiglängen ergab sich für die Beiwagen je Halbzug eine Gesamtlänge von 30 Meter. Die Beachtung aller Faktoren des Wagenbaus und des Betriebs führten schließlich zum Bau von zweiachsigen Beiwagen. Eine vom unterhaltungstechnischen Standpunkt wünschenswerte Einheitlichkeit der einzelnen Wagen einer Zugeinheit war unter diesen Umständen nicht realisierbar.

Die wagenbaulichen Teile lieferten die Firmen:
Waggon- und Maschinenbau AG Görlitz: Zug A, E, Jakobszug;
Waggonfabrik Uerdingen: Zug B;
Waggonfabrik v. d. Zypen, Köln-Deutz: Zug C;
Linke-Hoffmann-Werke, Breslau: Zug D.

Ausstattung der Züge

Die Inneneinrichtung der Versuchszüge wies nicht mehr wie die Abteilwagen die charakteristische Abteilgestaltung mit den hohen, zum Teil bis an die Decke reichenden Trennwänden, auf. Die Sitzplatzeinteilung der Züge A, B, D, F wurde von 4+0 bei den Abteilwagen auf 2+2 geändert. Die Anordnung der Einfach- und Doppelsitze und erforderliche Windfangwände waren in den Wagen jedoch unterschiedlich. Der Zug C erhielt dagegen wieder die Platzteilung 4+0, wobei jedem Doppelsitz eine Tür auf der gegenüberliegenden Wagenseite zugeordnet wurde. Nach dem Vorbild der Berliner U-Bahn erhielt der Zug E in Längsrichtung angeordnete Sitze.

Von der Wagenklasseneinteilung her waren jeder Triewagen als 3.-Klasse-Wagen und die Beiwagen als 2.- oder 3.-Klasse-Wagen (nur in drei Fällen laut vorhandener Unterlagen als 2.-/3.-Klasse-Wagen) ausgestattet. Raucher- und Nichtraucherabteile wurden über den ganzen Zug verteilt vorgesehen.

Die Triebwagen der Versuchszüge A bis D

Aus: Die Berliner S-Bahn, Berlin (DDR), 1963

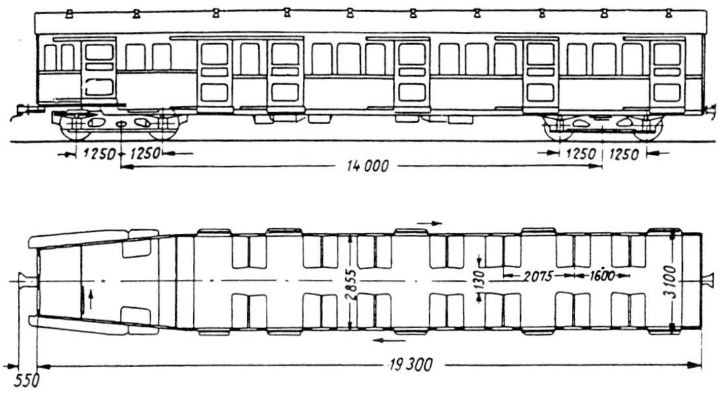

Versuchszug A

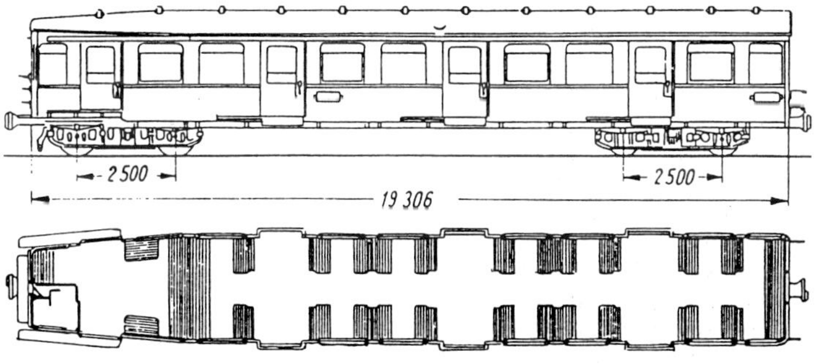

Versuchszug B

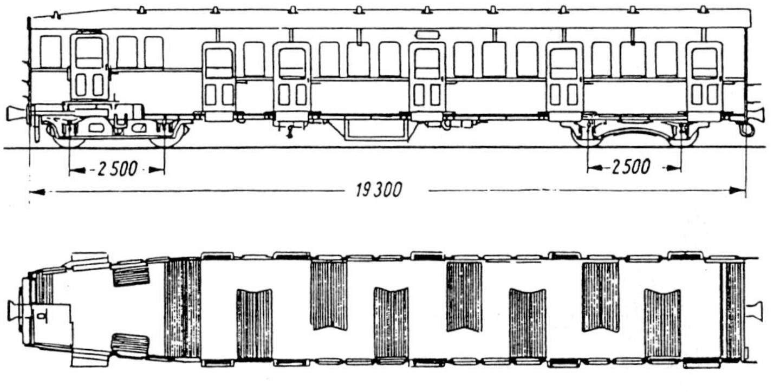

Versuchszug C

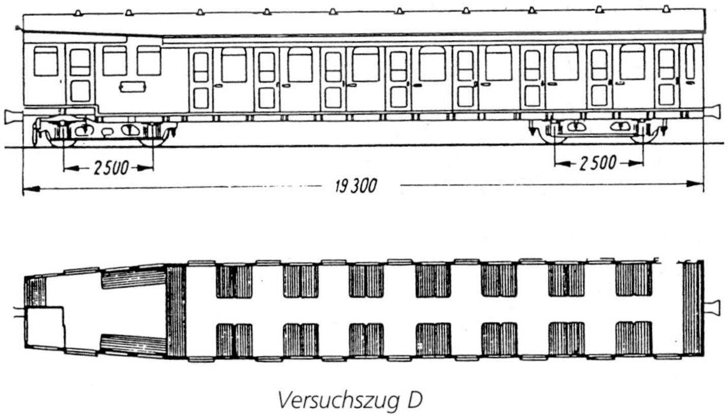

Versuchszug D

Zusammenstellung der gebauten Versuchszüge A bis F

Zug	wagenbaul. Hersteller		Fahrzeugnummern [1]	1. Plan	2. Plan
A	Görlitz	T	12 001– 12 004	2051– 2054	3001– 3004
		B	12 501– 12 506	5051– 5056	6001– 6006
B	Uerdingen	T	12 101– 12 104	2071– 2074	3005– 3008
		B	12 601– 12 606	5081– 5086	6007– 6012
C	Köln	T	12 202– 12 205	2055– 2058	3009– 3012
		B	12 701– 12 706	5057– 5062	6013– 6018
D	Breslau	T	12 301– 12 304	2059– 2062	3013– 3016
		B	12 801– 12 806	5063– 5068	6019– 6024
E	Görlitz	T	12 401– 12 404	2063– 2066	3017– 3020
		B	12 901– 12 906	5069– 5074	6025– 6030
Jakobszug (F)	Görlitz	T	13 001– 13 004	2067– 2070	3021 a,e 3022 a,e
		B	13 501– 13 506	5075– 5080	3021 b,c,d 3022 b,c,d

[1] Die Bedeutung dieser bei Auslieferung der Fahrzeuge für kurze Zeit angebrachten Nummern konnte nicht geklärt werden. Eventuell gehörten sie zu einem früheren Nummernplan.

Die Beleuchtung wurde aus der Stromschiene mit 800 Volt gespeist. Mehrere Glühlampen mit einer Spannung von 110 Volt wurden in Reihe geschaltet und zu vier Stromkreisen im Triebwagen bzw. zu zwei Stromkreisen im Beiwagen verknüpft. Den Lichtstrom-Kreisen wurde in jedem Wagen eine Regeleinrichtung vorgeschaltet, die Schwankungen der Stromschienenspannung ausglich und so für eine gleichbleibende Helligkeit sorgte.

Die Beheizung der Fahrgasträume erfolgte mit elektrischen Heizkörpern, die unter den Sitzbänken angeordnet waren. Drei vom Fahrpersonal einstellbare Heizstufen sorgten entsprechend den äußeren Temperaturverhältnissen für eine ausreichende Wärme im Wageninneren. Belüftet wurden die Fahrgasträume durch auf das Dach aufgesetzte Wandlersauger bzw. durch die herablaßbaren Seitenfenster. Gepäckablagen über den Sitzen sowie Griffstangen in den Ein- und Ausstiegräumen vervollständigten die Inneneinrichtung.

Zugsteuerung

Dem wichtigsten Teil, der elektrischen Zugsteuerung, wurde die größte Aufmerksamkeit gewidmet. Das war umso mehr erforderlich, als der Konkurrenzkampf mit dem Dampflokomotivbetrieb erst noch zu bestehen war. Aus diesem Grunde beauftragte man zwei namhafte Firmengruppen, die AEG und SSW (Siemens-Schuckert-Werke) mit dem gemeinsamen Firmenzeichen „Wasseg" (aus den Abkürzungen beider Firmen gebildet) und die Bergmann-Elektrizitäts- und Maffei-Schwartzkopff-Werke (als Firmengruppe „BMS" bezeichnet), mit dem Bau der Zugsteuerungseinrichtungen, um den Erfolg zu gewährleisten. Beide Firmengruppen bekamen die Auflage, ihre Varianten so abzustimmen, daß sie ohne Einschränkungen im Zugverband fahren können. Ansonsten wurde ihnen nach Vorgabe der technischen Parameter weitgehende Freiheit über Gestaltung und Ausführung gelassen. Die entsprechenden konstruktiven Arbeiten erforderten also eine enge Zusammenarbeit beider Firmengruppen. Damit ergab sich, daß die Fahrmotoren gleiche Charakteristiken aufzuweisen hatten.

Es wurden insgesamt vier verschiedene Fahrmotortypen von je 170 kW Stundenleistung in Tatzlagerbauart entwickelt und gebaut, und zwar: GBM 1620 (Hersteller: AEG und SSW) für neun Triebwagen, BMS 80 (Hersteller: BMS) für sechs Triebwagen, GBR 132/725 (Hersteller: BMS) für fünf Triebwagen und Pöge (Hersteller: Pöge) für zwei Triebwagen. Von zwei Triebwagen waren die Motortypen nicht zu ermitteln. Während die beiden erstgenannten Motortypen mit schrägverzahntem Antrieb versehen wurden, erhielten letztgenannte Geradverzahnung.

Die Einrichtungen der Zugsteuerung haben die Aufgabe, das „Anlassen" der Fahrmotoren durch Vor- bzw. Abschalten von Widerständen, die Gruppierung und den Fahrtrichtungswechsel durchzuführen. Durch wahlweise Schaltungen soll außerdem dem Triebwagenführer die Möglichkeit gegeben werden, unterschiedlich schnell anfahren, andererseits aber auch Rangierarbeiten in Schrittgeschwindigkeit ausführen zu können. Grundsätzlich hätten diese Forderungen mittels Schützensteuerung und Stufenfahrschalter nach dem Vorbild der Straßenbahn realisiert werden können, daß heißt, dem Fahrer bleibt es überlassen, mit welcher Geschwindigkeit er die Fahrschalterkurbel weiterbewegt. Damit hängen Einhaltung des Fahrplanes und Belastung der Stromversorgungsanlagen während der Anfahrperiode weitgehend von der Geschicklichkeit und dem Gefühl des Fahrers ab. Um diesen individuell verschiedenen Einfluß auf das Betriebsgeschehen von vornherein auszuschließen, wurde von beiden Firmengruppen eine elektropneumatische Schaltwalzen-Steuerung entwickelt. Bei dieser Steuerung wählte der Fahrer eine Stellung mittels der Fahrschalterkurbel an. Das Schaltwerk schaltete nun in Abhängigkeit des Motorstromes so weiter, daß Unterwerk und Zugeinrichtungen nicht überlastet und ein Schleudern der Triebachsen vermieden werden.

Die Zugsteuerung wurde durch Drehen der Fahrschalterkurbel mit Totmanneinrichtung betätigt. Sie hatte sich bei der Hoch- und Untergrundbahn bewährt, stellte für diese Züge also keine Neuerung dar. (Die Totmanneinrichtung erzwingt eine Abschaltung der Zugkraft, sobald aus irgendeinem Grund die Fahrschalterkurbel losgelassen wird.) Mit Hilfe der Kurbel konnten in Vorwärtsrichtung fünf Stellungen angesteuert werden. Diese Schalterstellungen bedeuteten Dauerfahrstufen des Schaltwerkes:

Stellung 1	Rangierstufe, Schaltwalzenstellung 1;
Stellung 2	Reihenschaltung der Fahrmotoren, alle Widerstände abgeschaltet, Schaltwalzenstellung 6;
Stellung 3	Reihenschaltung der Fahrmotoren, mit Feldschwächung, Schaltwalzenstellung 9;
Stellung 4	Parallelschaltung der Fahrmotoren, alle Widerstände abgeschaltet, Schaltwalzenstellung 12
Stellung 5	Parallelschaltung der Fahrmotoren mit Feldschwächung, Schaltwalzenstellung 15.

Die Zugsteuerung, die heutzutage durch modernere Technik verdrängt worden ist, hat folgendes Prinzip: Für das Weiterschalten der Schaltwalze wird die Charakteristik des Reihenschlußgleichstrommotors ausgenutzt. In jeder Schaltstufe erreicht der Motorstrom einen den Widerstandsverhältnissen entsprechenden Maximalwert. Damit entwickelt der Motor eine höhere Drehzahl, wobei der Strom sinkt. Hat der Strom einen bestimmten unteren Wert erreicht, wird durch ein Fortschaltrelais der nächste Schalttakt eingeleitet, indem ein elektrischer Impuls zur Antriebsvorrichtung der Schaltwalze gegeben wird. Der Impuls entspricht der Weiterschaltung um eine Fahrstufe.

Die Antriebsvorrichtung ist bei der Firmengruppe Wasseg eine durch Druckluftkolben betätigte Zahnstange, bei der Firmengruppe BMS ein Klinkwerk. Das Fortschaltrelais wurde mit einem stetig

Zug A für den elektrischen Vorortverkehr zwischen Berlin und Bernau, 1922. Vorn der Wagen 2052 Berlin. Foto Sammlung Gottwaldt

regelbaren Widerstand ausgerüstet, mit dessen Hilfe die Anfahrbeschleunigung verändert werden konnte. Diese Einrichtung war bei den Versuchszügen zwecks Ermittlung der günstigsten Anfahrbeschleunigung und der wünschenswerten Nachregulierung angeordnet worden. Als Festwerte wurden Beschleunigungen von 0,3 und 0,5 m/s^2 vorgegeben.

Die einzelnen Apparate der Zugsteuerung wurden in ihrer konstruktiven Gestaltung unterschiedlich gebaut, Schaltwerk und Klinkwerk der BMS-Firmengruppe bildeten zwei einzelne Apparate, die über eine Kupplung miteinander verbunden waren. Dagegen war die Antriebsvorrichtung bei der Wasseg-Gruppe mittig im Schaltwerk angeordnet worden. Auch die übrigen Apparate, wie Hauptschütz zum Einschalten des Motorstromkreises, Fahrtwender und Überstromrelais (das die Fahrmotoren vor Überlastung schützte) wurden entsprechend der Gegebenheiten der Firmen in ihrer Ausführungsform unterschiedlich gebaut. Das gleichzeitige Einschalten mehrerer Triebwagen eines Zuges erfolgte über Steuerleitungen. Dazu waren an den Wagenenden elektrische Kupplungseinrichtungen angebracht, die nach der mechanischen Kupplung der Züge von Hand zu bedienen waren. Über diese Steuerleitungen wurden gleichzeitig die zur Erzeugung der Druckluft erforderlichen Anlagen vom führenden Triebwagen gesteuert.

Die meßtechnischen Untersuchungen beider Steuerungsausrüstungen zeigten besonders bei den Apparaten der BMS-Gruppe einen zuverlässigen und gleichmäßigen Schaltwerksablauf, der eine volle Ausnutzung der installierten Motorleistung gewährleistete.

Einsatz der Züge

Von den einzelnen Waggonbaufirmen sind die Wagen ohne elektrische Ausrüstung geliefert worden, denn die beiden Firmengruppen konnten infolge der späten Entscheidung über die Traktionsspannung die Ausrüstung nicht rechtzeitig liefern. So sind die grün lackierten Züge vorerst mit Dampflokomotiven befördert und auf der Stadtbahn erprobt worden.

Im Jahre 1924 baute dann das Raw Tempelhof (damaliges Heimat-Raw) die elektrischen Apparate sowie die Kabel in die Wagen ein. Ende Mai 1924 wurden die ersten Probefahrten aufgenommen, die außerdem dazu dienten, das Dampflokomotivpersonal auf die Bedienung der elektrischen Züge umzuschulen. Am 8. August 1924 konnte offiziell der elektrische Zugbetrieb auf der Strecke Berlin Stettiner Vorortbahnhof (heute Nordbahnhof) – Bernau aufgenommen werden. Die elektrischen Züge fuhren dabei nach dem Dampfzugfahrplan.

Somit war in Berlin die Grundlage für die später zu fällende Entscheidung über die weitere Elektrifizierung der Stadt-, Ring- und Vorortstrecken geschaffen. In der ersten Zeit wurde allerdings keinesfalls die absolute Überlegenheit des neuen Verkehrsmittels demonstriert. So mancher elektrische Zug mußte mit der Dampflokomotive abgeschleppt werden. Trotz der zahlreichen Kritiker und Pessimisten sind die Versuche weitergeführt, ist ständig an Veränderungen und Verbesserungen gearbeitet worden. Aus heutiger Sicht betrachtet sind diese Mühen als ein voller Erfolg zu werten.

Nun noch einige Bemerkungen zum Jakobszug. Die Auftragserteilung für diesen Zug wurde im Oktober 1922 gegeben, wobei zunächst erst zwei Wagen gebaut werden sollten. Diese beiden Wagen nahmen am 1. Juni 1923 die Probefahrten auf, die voll befriedigten. Daraufhin wurden die übrigen Wagen fertiggestellt und am 17. August 1923 für die Erprobung an den Auftraggeber übergeben. Die Probefahrten mit diesem Zug erfolgten zum Teil mit Geschwindigkeiten über 100 Stundenkilometer, ohne daß die Laufeigenschaften bemängelt wurden. Gegenüber den anderen Zügen ist der Jakobs-Vollzug um 8 Tonnen leichter ausgefallen.

Innenansicht eines Beiwagens des Versuchszuges F. Die Inneneinrichtung entsprach dem damaligem Zeitgeschmack. Foto: Sammlung Hütter

Triebwagen des Versuchszuges E. Foto: Sammlung Hütter

Die Triebwagen der Versuchszüge E und F

Aus: Die Berliner S-Bahn, Berlin (DDR), 1963

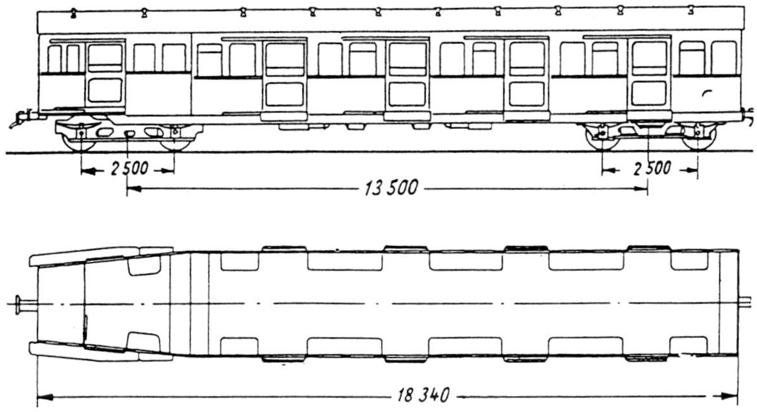

Versuchszug E

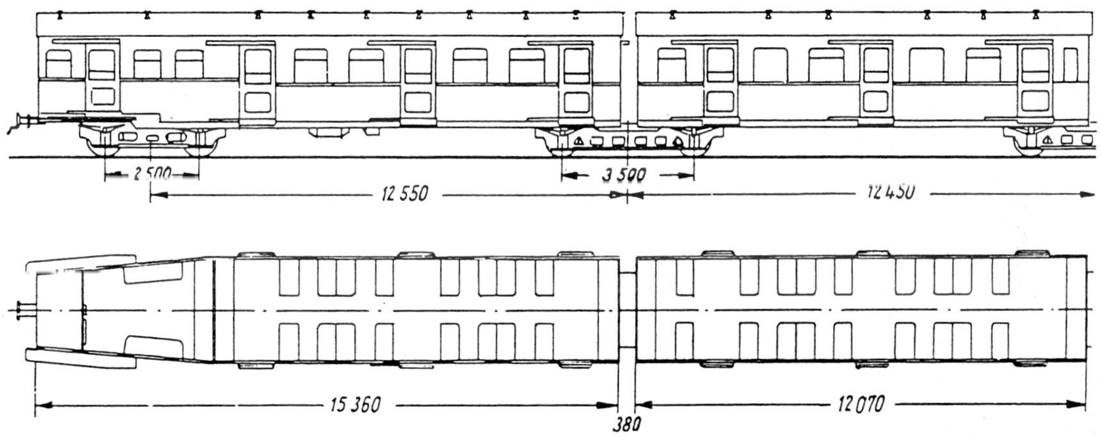

Versuchszug F (Jakobszug)

Beiwagen des Versuchszuges E. Foto: Sammlung Hütter

Der gesamte Zugverband des Zuges F mit Jakobs-Drehgestellen. Foto: Sammlung Hütter

Überführung eines Versuchszuges Typ D für die Berliner Nordstrecken von den Linke-Hofmann-Werken in Breslau nach Berlin. Foto: Sammlung Bock

Triebwagen Bauart 1925, Typ „Oranienburg", zuletzt Baureihe 168. Foto: Sammlung Gottwaldt

Dem Vorzug der Bauart standen jedoch betriebliche Unzulänglichkeiten gegenüber, die besonders bei der Unterhaltung der Fahrzeuge auftraten. Das Herauslösen einzelner Wagen aus dem Zugverband war stets mit Schwierigkeiten verbunden und daher teurer und zeitaufwendiger als bei den übrigen Zügen. Außerdem ließen die Jakobsdrehgestelle unter den damaligen Voraussetzungen keinen Einbau von Fahrmotoren zu, so daß die für spätere Fahrzeugbauten mögliche Achsanordnung Bo' Bo' des Triebwagens nicht verwirklicht werden konnte.

Alle Versuchszüge blieben bis zur Ausmusterung 1933/34 auf den nördlichen Strecken beheimatet und befuhren die Abschnitte Stettiner Vorortbahnhof – Bernau, Stettiner Vorortbahnhof – Oranienburg und Stettiner Vorortbahnhof – Velten.

Die letzten Untersuchungen (seit 1927 im Raw Schöneweide) erfolgten 1930/31. Die danach zurückgelegten Zugkilometer betrugen bis zur Ausmusterung keine 3000 Kilometer. Vergleichsweise betrug die Laufleistung der sich zu diesem Zeitpunkt bereits in Betrieb befindlichen Stadtbahnwagen Bauart 1927/30 100 000 Kilometer pro Jahr und mehr.

Zwecks Zerlegung und anderweitiger Verwendung sind die Züge, da sie infolge überschrittener Untersuchungsfristen nicht mehr mit eigener Kraft fahren konnten, dem Raw Schöneweide mit Dampflokomotiven zugeführt worden. Ein Teil der Züge wurde auch zum Raw Tempelhof gebracht.

Der zeitliche Einsatz von rund zehn Jahren ist für Eisenbahnfahrzeuge ungewöhnlich kurz. Dieser Umstand war jedoch durch den Charakter der Züge von vornherein eingeplant. Die unterschiedliche Gestaltung des wagenbaulichen Teiles sowie der Inneneinrichtung erschwerten naturgemäß die Er- und Unterhaltung der Fahrzeuge, da in vielen Fällen die Aufarbeitung nach dem Tauschteilverfahren nicht möglich war. Somit ergaben sich gegenüber den moderneren Bauarten längere Standzeiten bei den notwendigen Überholungsarbeiten. Diese Gründe waren maßgebend für die zeitige Ausmusterung.

Zusammenstellung

Nach dem Einbau der elektrischen Einrichtungen sind die Züge beliebig, je nach Zeitpunkt der Fertigstellung und unabhängig von der wagenbaulichen Gestaltung, zusammengestellt worden. Das ermöglichten die einheitlichen Zugsteuerungs- und Hilfsausrüstungen. Mit Ausnahme des Jakobszuges ergab das aber kein einheitliches äußeres Bild der Züge mehr. Jeder zusammengestellte Zug erhielt zur innerbetrieblichen Kennzeichnung den Buchstaben „H", dessen Bedeutung heute nicht mehr zu ermitteln ist. Zusätzlich erhielt jeder Halbzug eine Nummer von eins bis zwölf, die sich bis zur Ausmusterung nicht änderte und als Kennzeichen der in der Regel nicht getrennten Einheit zu betrachten ist. Daneben erhielt jeder einzelne Wagen eines Zuges eine Wagennummer. Die Angaben hierzu sind in den Tabellen enthalten. Die angegebenen Wagennummern sind die des ersten Planes bei der Berliner S-Bahn (gültig bis 1930/32). Im zweiten Plan (gültig ab 1930/32) sind diese Züge zwar noch berücksichtigt worden, die Anbringung der Wagennummer an die Wagen erscheint jedoch fraglich.

Die Zusammenstellung der Versuchszüge nach der Installation der elektrischen Ausrüstung

Zug		T	B	B	B	T	Ausmusterung
H1	Wg.-Nr.	2051	5054	5073	5056	2053	25.10.1933
	Vers.-Zug	A	A	E	A	A	
	Wg.-Klasse	3.	3.	3.	2.	3.	
H2	Wg.-Nr.	2052	5072	5052	5051	2054	1933
	Vers.-Zug	A	E	A	A	A	
	Wg.-Klasse						
H3	Wg.-Nr.	2066	5081	5082	5083	2072	18.12.1933
	Vers.-Zug	E	B	B	B	B	
	Wg.-Klasse	3.	3.	2.	2./3.	3.	
H4	Wg.-Nr.	2071	5062	5085	5086	2074	07.03.1934
	Vers.-Zug	B	C	B	B	B	
	Wg.-Klasse	3.	3.	2.	2./3.	3.	
H5	Wg.-Nr.	2055	5071	5058	5059	2057	23.11.1933
	Vers.-Zug	C	E	C	C	C	
	Wg.-Klasse	3.	3.	3.	2.	3.	
H6	Wg.-Nr.	2056	5060	5070	5084	2058	04.10.1933
	Vers.-Zug	C	C	E	B	C	
	Wg.-Klasse	3.	3.	2./3.	2.	3.	
H7	Wg.-Nr.	2059	5074	5064	5067	2062	29.12.1933
	Vers.-Zug	D	E	D	D	D	
	Wg.-Klasse	3.	3.	2.	3.	3.	
H8	Wg.-Nr.	2061	5069	5063	5065	2060	07.03.1934
	Ver.-Zug	D	E	D	D	D	
	Wg.-Klasse	3.	3.	2.	3.	3.	
H9	Wg.-Nr.	2065	5053	5055	5068	2073	29.12.1933
	Vers.-Zug	E	A	A	D	B	
	Wg.-Klasse	3.	3.	3.	2.	3.	
H10	Wg.-Nr.	2063	5057	5061	5066	2064	21.02.1934
	Vers.-Zug	E	C	C	D	E	
	Wg.-Klasse	3.	3.	3.	2.	3.	
H11	Wg.-Nr.	2067	5075	5076	5077	2068	21.01.1934
	Vers.-Zug	F	F	F	F	F	
	Wg.-Klasse	3.	3.	3.	2.	3.	
H12	Wg.-Nr.	2069	5078	5079	5080	2070	26.01.1934
	Vers.-Zug	F	F	F	F	F	
	Wg.-Klasse	3.	2.	3.	3.	3.	

Zug	Bemerkungen
H1	Wagen 2051 erst ab 11. März 1930 (Zuführung zum Raw Schöneweide) im H1
H 2	keine weiteren Angaben zu ermitteln
H 3	Zusammenstellung des H 3 ab 5. Juni 1926
H 4	Wagen 2074 wegen Schaden 1927 mehrmals im Raw Tempelhof, EB möglicherweise auch andere Reihung
H 5	–
H 6	–
H 7	Wagen 2062 ab 24. Januar 1929 im H 7, vorher im H 8
H 8	Wagen 2060 ab 20. April 1929 (Zuführung zum Raw Schöneweide) im H 8, vorher im H 7
H 9	im Raw Schöneweide vom 14. September 1928 bis 4. März 1929 abgestellt
H 10	–
H 11	–
H 12	–

Die Hauptwerkstatt Schöneweide
Ein Ausbesserungswerk für die Züge der Berliner S-Bahn

Von Hans-Joachim Hütter (vb 1977, Seite 124 bis 136)

Täglich wird die Berliner S-Bahn von rund 920 000 Fahrgästen benutzt. Ob nun das Fahrtziel die Arbeitsstätte, das Einkaufszentrum oder das Erholungsgebiet ist, immer ist auf das beliebte Nahverkehrsmittel Verlaß. Vielfältige Voraussetzungen sind jedoch erforderlich, daß die S-Bahn ihre Fahrgäste zuverlässig befördert. Eine besondere Bedeutung kommt dabei dem technisch sicheren Zustand der eingesetzten S-Bahn-Wagen zu. Jeder Wagen ist einer der drei Betriebswerkstätten Friedrichsfelde, Grünau oder Wannsee zugeteilt und wird dort in regelmäßigen Abständen gepflegt und gewartet. Ist die Grenze der betrieblich möglichen Einsatzzeit erreicht, wird jeder Wagen der Hauptwerkstatt (Hw) Schöneweide (früher Reichsbahn-Ausbesserungswerk – Raw Schöneweide) zugeführt, um dort einer gründlichen Untersuchung unterzogen zu werden. Es ist zugleich die einzige Werkstatt der S-Bahn Berlin GmbH, in der die Berliner S-Bahn-Wagen aufgearbeitet werden. Ihr kommt daher besondere Verantwortung dabei zu, daß der S-Bahn-Verkehr in Berlin reibungslos durchgeführt werden kann. Dieser hohen Verantwortung sind sich die rund 1000 Beschäftigten dieses Betriebes voll bewußt; und das nun schon seit über 70 Jahren. Grund genug, ihre Entwicklung an dieser Stelle besonders hervorzuheben.

Vorgeschichte

Der am 8. August 1924 eröffnete elektrische S-Bahn-Betrieb in Berlin hatte noch zwei Vorläufer:

- Von 1900 bis 1902 fuhr ein elektrischer Triebwagenzug auf der Strecke Berlin-Wannseebahnhof–Zehlendorf im Probebetrieb zwischen dampflokbespannten Zügen.
- Seit 1903 bestand ein rein elektrischer Zugbetrieb auf der Strecke Berlin Potsdamer Ringbahnhof – Groß Lichterfelde Ost mit Triebwagenzügen.

Die auf den genannten Strecken eingesetzten Triebwagen wurden dem Ausbesserungswerk Berlin-Tempelhof zugeteilt, in dem seinerzeit Dampflokomotiven vorwiegend aus dem Berliner Raum aufgearbeitet wurden. Dort wurden dann auch die ersten elektrischen S-Bahn-Wagen aufgearbeitet, die auf den Strecken von Berlin Stettiner Bahnhof (heute Nordbahnhof) nach Bernau, Oranienburg und Velten zum Einsatz kamen (Versuchszüge und die späteren Baureihen 169 und 168). Für die Eisenbahnverwaltung bedeutete dies, daß die Werkstattanlagen des Ausbesserungswerkes Tempelhof auf zwei verschiedene Triebfahrzeugarten, nämlich Lokomotiven und Triebwagen, mit unterschiedlicher Antriebstechnik eingerichtet und der Durchlauf der elektrischen Triebwagen technologisch in die vorhandene Konzeption des Dampflokomotivwerkes eingegliedert werden mußte.

Unter derartigen Bedingungen war eine optimale Aufarbeitung der elektrischen Triebwagen nicht denkbar. Für die in Aussicht genommene Elektrifizierung der Berliner Stadt-, Ring- und Vorortbahnen wurden bereits Anfang der zwanziger Jahre Untersuchungen darüber geführt, wie die dann benötigten elektrischen Fahrzeuge zweckmäßig aufgearbeitet werden könnten. Da ein Umbau des Werkes in Tempelhof wegen der damit verbundenen Kosten nicht zur Diskussion stehen konnte, kam nur ein Neubau in Frage. In den Folgejahren wurden dann auch die im damaligen Deutschland vorhandenen Werkstattanlagen der Eisenbahn auf bauliche Gegebenheiten und technologische Arbeitsprozesse untersucht und in Auswertung der gewonnenen Erkenntnisse ein Triebwagen-Ausbesserungswerk projektiert. Als dann am 8. Juli 1926 der Verwaltungsrat der Deutschen Reichsbahn Gesellschaft die Zustimmung erteilte, die Stadt-, Ring- und Vorortstrecken mit 750 V Gleichspannung zu elektrifizieren, wurde gleichzeitig der Startschuß zum Bau eines neuen Erhaltungswerkes gegeben, das ausschließlich die Berliner S-Bahn-Wagen (der Begriff „S-Bahn" wurde 1930 geprägt) aufarbeiten sollte. Der Beginn der Bauarbeiten datiert auf den 25. August 1926.

Aus der Entstehungsgeschichte der Hauptwerkstatt Schöneweide läßt sich ablesen, daß das Werk ein Novum in der Geschichte deutscher Eisenbahnwerkstätten war. Es ist das einzige Ausbesserungswerk, das ausschließlich für Triebwagen gebaut wurde, die vergleichsweise zu anderen Triebfahrzeugen ein stark einge-

Im April 1976 wird der Triebwagen 275 957 für den Einsatz im Einmannbetrieb umgebaut. Dazu wird unter anderem die Signalbeleuchtung geändert.
Fotos: Hütter

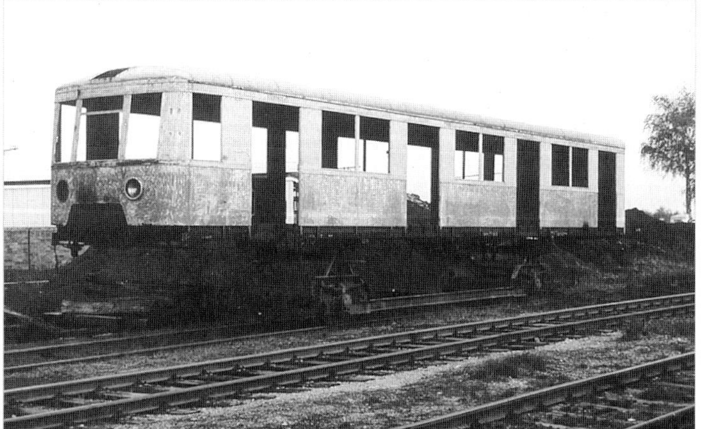

In den 70er und 80er Jahren wurden die Vollzüge der heutigen Baureihen 476 und 477 modernisiert. Im Mai 1977 wird der Wagenkasten des Triebwagens mit der heutigen Nummer 477 068 zum Sandstrahlen gefahren.

schränktes Einsatzgebiet haben. Wie erforderlich das Werk aber war, beweist eine Zahl: Im Laufe der Entwicklung waren in Berlin über 1100 Viertelzüge, d.h. mehr als 2200 elektrische Trieb-, Steuer- und Beiwagen der verschiedensten Bauarten der Berliner S-Bahn gleichzeitig im Einsatz und folglich durch die Hauptwerkstatt Schöneweide aufzuarbeiten.

Die Standortwahl

Um zu sichern, daß ein Ausbesserungswerk ohne nennenswerte Einschränkungen voll funktionstüchtig ist, sind, basierend auf den damaligen Erkenntnissen, verschiedene Bedingungen einzuhalten gewesen.

Im Vergleich zu anderen Industriebetrieben muß ein Ausbesserungswerk unbedingt einen Anschluß zu den Gleisanlagen der Eisenbahn besitzen, damit die aufzuarbeitenden Fahrzeuge problemlos auf dem Schienenwege zugeführt werden können. Des weiteren muß ein derartiges Werk auch an das öffentliche Straßennetz angeschlossen sein, über das das Werk mit Ausrüstungen und Materialien beliefert werden kann.

Entsprechend diesen beiden Bedingungen muß die Lage eines Ausbesserungswerkes ausgewählt werden.

Der Arbeitsfluß

Das für die Werkanlagen zur Verfügung stehende Gelände bestimmt zumeist in seinen geometrischen Abmessungen die Form des Fahrzeugdurchlaufes vom Eingang, über die Aufbereitungsphasen bis hin zum Ausgang – den sogenannten Arbeitsfluß. Aus einer Fülle von Möglichkeiten seien hier zwei dargestellt, die prinzipiellen Charakter haben.

Jeder der dargestellten Arbeitsflußformen ist gemeinsam, daß eine Fahrzeugbewegung entgegen der Pfeilrichtung (Flußrichtung) zu Behinderungen in der Aufarbeitung der nachfolgenden Fahrzeuge führen muß. Deshalb müssen entlang der Flußrichtung die einzelnen Arbeitsgänge in chronologischer Reihenfolge durchgeführt werden. Das setzt voraus, daß Arbeitsmittel und Werkstatteinrichtungen folgerichtig angeordnet werden.

Der innerbetriebliche Transport

Von nicht unwesentlicher Bedeutung für die termingerechte Fertigstellung der Fahrzeuge sind die innerbetrieblichen Transportbedingungen. Gerade, ausreichend breit bemessene und übersichtlich angeordnete Transportwege sorgen dafür, daß Fahrzeugersatzteile rasch bereitgestellt werden können. Arbeitsgruben, Fußboden-Absenkungen, Hallenstützen usw. sollen auf Ausnahmen beschränkt bleiben und so angeordnet sein, daß keine Transportbehinderungen auftreten.

Betriebsgelände und Bebauung

Entsprechend den vorgenannten grundsätzlichen Bedingungen beim Bau eines Raw wurde auf einem 22,3 Hektar großen Ge-

Arbeitsfluß-Schema in der S-Bahn-Hauptwerkstatt Schöneweide

a: Demontage, b: Aufarbeitung, c: Montage

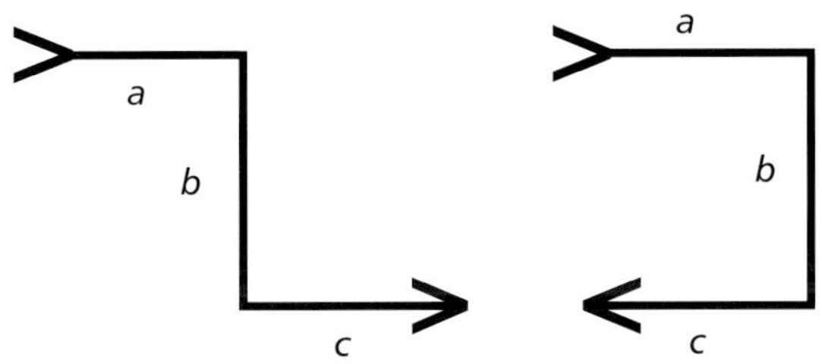

lände an der Strecke Schöneweide–Spindlersfeld nördlich des Rangierbahnhofes Schöneweide, von diesem durch die Straße Am Adlergestell getrennt, das neue Ausbesserungswerk gebaut. Von der Straße Am Adlergestell besteht ein direkter Zugang auf dem Landwege. Vom Gleis Schöneweide–Spindlersfeld zweigt ein Zuführungsgleis direkt auf das Betriebsgelände der Hw Schöneweide ab. Weitere Gleise dienen zum Abstellen der Züge.

Der Gleisanschluß und die Gestalt des zur Verfügung stehenden Geländes förderten die Entscheidung des Arbeitsflusses entsprechend der Form 2 des abgebildeten Schemas, dem sogenannten U-Fluß.

Das Hauptgebäude für die Fahrzeugaufarbeitung umfaßt die Waschhalle, sechs Hallen mit je einer, zum Teil auch zwei Krananlagen, einer Lack-, einer Prüfhalle, das Verwaltungsgebäude und Sozialeinrichtungen (wie Wasch- und Toilettenräume). Drei der Hallen sind für die Aufarbeitung der Wagenkästen bestimmt. Zwei Hallen sind 22 Meter und eine ist 25 Meter breit. Die größere Halle berücksichtigte, daß die Triebwagen der Versuchszüge und die BR 169 länger als die später gebauten Fahrzeugbaureihen waren und folglich nur in dieser Halle aufgearbeitet werden konnten. Jede der drei Hallen besitzt 24 Stände, kann also 24 Wagenkästen gleichzeitig aufnehmen. Zwischen den Hallen sind Transportwege angeordnet. Parallel zu den drei Wagenhallen werden in den übrigen drei Hallen die Fahrmotoren, Radsätze und Drehgestellrahmen aufgearbeitet. Auch zwischen diesen Hallen befinden sich Transportwege. Oberhalb dieser Wege sind sogenannte Bühnen angeordnet, auf denen die elektrischen, pneumatischen und mechanischen Baugruppen aufgearbeitet werden.

Am westlichen Ende des Gebäudekomplexes befinden sich die Prüf- und die Lackhalle. In letztgenannter Halle werden die Wagen durch eine in Hallenmitte angeordnete Schiebebühne umge-

Die Verlängerung der U-Bahn-Linie nach Hönow brachte der Hauptwerkstatt Schöneweide einen Großauftrag: den Bau von U-Bahn-Wagen des Typs E III – hier wird im Mai 1986 der Triebwagen 105 106 gefertigt.

Blick in die Lackierhalle der S-Bahn-Hauptwerkstatt in Berlin-Schöneweide: Im April 1976 werden unter anderem auch die Doppelstockwagen der Deutschen Reichsbahn aufgearbeitet und erhalten eine neue Lackierung. Fotos: Hütter

Aufgereiht stehen die „Stadtbahner" 1928 noch auf den Böcken (rechts) oder bereits auf „eigenen Füßen" in einer der drei Werkhallen des Raw Schöneweide. Fotos: Sammlung Gottwaldt

setzt. Zu beiden Seiten der Bühne befinden sich Gleise, die jeweils einen Wagen zur farblichen Behandlung aufnehmen können. Die Schiebebühne wurde so gestaltet, daß der Laufweg nicht abgesenkt werden mußte und sich daher auch in der Lackhalle günstige Transportmöglichkeiten ergeben. Die Zuführung der Wagen zur Lackhalle erfolgt über ein besonderes Gleis der Prüfhalle.

Die Prüfhalle war anfangs nicht überdacht. Bei Wind und Wetter hatten die hier Beschäftigten keine guten Arbeitsbedingungen. Ende der dreißiger Jahre wurden das Verwaltungsgebäude in westlicher Richtung auf seine heutige Ausdehnung erweitert und dabei gleichzeitig die Prüfgleise überdacht. In diesen Zeitraum fiel auch der Neubau einer Lehrwerkstatt am westlichen Ende des umbauten Geländes.

Um die Ersatzteile für die aufzuarbeitenden Fahrzeuge bereithalten zu können, ist nördlich der Montagehallen, mit diesen aber baulich nicht verbunden, das Materiallager angeordnet. Verladegleise und -rampen, ein Kran- und eine Schiebebühne gewährleisten eine rationelle Lagerwirtschaft.

In unmittelbarer Nahe des Lagergebäudes wurden um das Jahr 1960 eine moderne Blechzuschnitt-Halle und eine Sandstrahl-Anlage errichtet. Letztere dient dazu, Wagenkästen von starkem Schmutz und von Farbschichten zu reinigen.

Neben Kantine und Sporthalle gehören auch Praxisräume für die Betriebsärzte zu den Einrichtungen der Hauptwerkstatt Schöneweide. Insbesondere im letzten Jahrzehnt sind umfangreiche Sanierungsarbeiten auf dem Gelände, an den Gebäuden und den Werkstatteinrichtungen vorgenommen worden, die den heutigen Bedingungen an Effizienz der Arbeitsprozesse und dem Umweltschutz Rechnung tragen. So entstand unter anderem ein modernes Heizhaus und für die Ausbildung der Triebfahrzeugführer eine Fahrsimulationanlage.

Am 15. Oktober 1927 war der Bau der heutigen Hauptwerkstatt Schöneweide soweit fortgeschritten, daß das Werk seiner Bestimmung übergeben werden konnte. In einer kurzen Feierstunde vor den knapp 100 Belegschaftsmitgliedern wurden die Leistungen der Bauarbeiter gewürdigt, die in der Rekordbauzeit von 14 Monaten ganze Arbeit getan hatten, und der künftigen Aufgaben des neuen Werkes gedacht. An diesem Tage waren die Halle A sowie die Radsatz- und die Motorenhalle und zwei Bühnen fertiggestellt, so daß die Voraussetzungen dafür gegeben waren, die bereits vorhandenen elektrischen Züge nunmehr in Schöneweide aufarbeiten zu können. Zu diesem Zeitpunkt waren folgende Fahrzeuge bereits in Betrieb, die ab sofort nicht mehr in Tempelhof sondern in Schöneweide instand gehalten wurden:

Bauart	**Triebwagen**	**Steuerwagen**	**Beiwagen**
Versuchszüge	24	–	36
Baureihe 169	34	–	51
Baureihe 168	50	50	–
Lichterfelder Wagen	32	–	24

Insgesamt waren somit 301 elektrische Fahrzeuge im Berliner Raum im Einsatz. Gleich nach den Eröffnungsfeierlichkeiten wurde der erste aufzuarbeitende Zug 169 011 in die Halle A gefahren und unverzüglich mit der Aufarbeitung begonnen. Nach 21 Tagen verließ der Zug wieder das Werk.

Blick in die Montagehalle C des neuen Reichsbahn-Ausbesserungswerkes Schöneweide im Jahre 1928. Hier wurden anfangs die elektrischen Leitungen und Leitungsbunde für die gerade neu angelieferten „Stadtbahner", der späteren Baureihe 165, für den Einbau vorgefertigt.

Die ersten Jahre

In den folgenden Wochen und Monaten wurde an den noch nicht fertiggestellten Werkanlagen gearbeitet. Noch im Eröffnungsjahr wurden die beiden anderen Wagenhallen B und C fertig. Die Halle C konnte in den nächsten Jahren allerdings nicht für die Aufarbeitung der Wagen genutzt werden, sondern stand vertragsgemäß den Elektrofirmen zur Verfügung. Diese hatten in die neu anzuliefernden Wagen der späteren Baureihe 165 die elektrischen Einrichtungen zu installieren. Dazu wurde ein Teil der Halle für die Vorfertigung der elektrischen Leitungen und Leitungsbunde eingerichtet.

Am Silvestertag des Jahres 1927 wurde dann der Hauptwerkstatt Schöneweide der erste neue Stadtbahnwagen der Baureihe 165 zugeführt, um hier seine elektrische Ausrüstung zu erhalten. Anfang Mai 1928 konnten die ersten Wagen dieser Bauart von der Abnahmeinspektion der Deutschen Reichsbahn Gesellschaft für den Verkehr freigegeben werden. Mit diesen wurde am 11. Juni 1928 der elektrische Zugbetrieb auf der Strecke Erkner–Potsdam mit fünf Wagenzügen eröffnet.

Die ersten Jahre wurden genutzt, um in der Hauptwerkstatt Schöneweide die günstigsten Methoden der Aufarbeitung, der Transportverfahren und der Zweckmäßigkeit der Arbeitsmittel und -einrichtungen zu ermitteln. Die Belegschaft wurde dabei schrittweise erhöht und auf die kommenden Aufgaben vorbereitet. Gleichzeitig galt es, den Forderungen des S-Bahn-Betriebes hinsichtlich der mit den neuen Wagen gesammelten Erfahrungen zu entsprechen und diese und jene notwendige Änderung vorzunehmen, andererseits aber auch den technisch möglichen und wirtschaftlich vertretbaren Abstand zwischen zwei Hauptuntersuchungen in der Hauptwerkstatt Schöneweide festzulegen. Dieser wurde nach eingehenden Untersuchungen für die Bauart 1927/30 und später auch für die übrigen Fahrzeugtypen auf 1000 Kilometer Laufweg festgesetzt.

Das Lackieren der Fahrzeuge

Die für das Werk gewählte Konzeption, die Arbeitsverfahren und die zur Verfügung stehenden Arbeitsmittel hatten sich im Laufe der Zeit voll bewährt. Nicht befriedigen konnte dagegen anfangs der Zustand in der Lackhalle.

Hier wurde im Juni 1928 der Viertelzug 168 043 als erster Zug neu lackiert. Anstatt der üblichen grünen Farbgebung erhielt er die Farbgebung der neuen Stadtbahn-Wagen rot/gelb. Lackiert wurde nach alten Methoden mit Ölfarben, die Farben wurden mit dem Pinsel aufgetragen und der gestrichene Wagen mußte danach für längere Zeit in eine Trockenkammer, um ein schnelleres Trocknen der Ölfarbe zu erreichen. Insgesamt dauerte dies 21 Tage. Es stellte sich sehr bald heraus, daß die neuen hellen Farben weder den Witterungsbedingungen noch der Verschmutzung und der Wagenreinigung gewachsen waren. Innerhalb kurzer Zeit war der Farbanstrich durch Schmutzstreifen, Farbverschiebungen und Risse im Lack so verrottet, daß spätestens nach einem Jahr die Farbgebung erneuert werden werden mußte. Andererseits war die Lackhalle kapazitätsmäßig nicht in der Lage, einen derartigen Arbeitsanfall bewältigen zu können.

In mehrjährigen Versuchen wurde das „Nitro-Spritzverfahren" eingeführt und die Spritzbox für diese Belange umgebaut. Gleichzeitig wurden die entsprechenden Reinigungsmittel entwickelt, mit denen die Wagen in den Betriebswerkstätten behandelt werden konnten, ohne daß der Lack beschädigt wurde. Dieser Erfolg ist ein Verdienst der Techniker des damaligen Reichsbahn-Ausbesserungswerkes Schöneweide. Aus Konkurrenzgründen hatte die Industrie keine Unterstützung bei der Verbesserung des Verfahrens gegeben. Nunmehr durchlief jeder Wagen in nur sechs Tagen die Lackhalle. Der Lack war außerdem länger haltbar und das Aussehen der Wagen wurde entscheidend verbessert. Da die im Reichsbahn-Ausbesserungswerk gesammelten Erfahrungen in der Industrie noch fehlten, wurden die später gelieferten Wagen (Bauart 1932, zum Teil auch Bauart 1936) nur im grundiertem Anstrich angeliefert und erst in Schöneweide in der üblichen Farbgebung lackiert.

Veränderungen an den Fahrzeugen

In jenen ersten Betriebsjahren mit den neuen Stadtbahnwagen machten sich einige wesentliche Veränderungen erforderlich, die nur in Zusammenarbeit zwischen den betriebsführenden Dienststellen und dem Ausbesserungswerk Schöneweide erfolgreich gelöst werden konnten. Viele Wagen neigten zu unerklärlichen Schlingerbewegungen während der Fahrt, die ihre Ursache nicht unbedingt in der schlechten Gleislage haben konnten. Nachdem das Federsystem im Drehgestell verändert wurde und zusätzlich Dämpfungspuffer am Kurzkupplungsende zur Streckung der Viertelzugeinheit angebaut waren, trat eine merkliche Besserung ein.

Einen weiteren Schwerpunkt bildete die Bremse. Diese hatte man im Interesse eines straffen Fahrplanes so ausgelegt, daß kurze Bremswege und Bremslösezeiten erzielt werden. Die überwiegend vom gewohnten Dampflok-Betrieb übernommenen Triebwagenführer hatten bei der Bedienung der Bremse erhebliche Anpassungsschwierigkeiten. Überbremsungen und flache Stellen in den Radreifen waren die Folge. Nach relativ kurzer Entwicklungszeit stellte die Industrie eine elektro-pneumatisch wirkende Bremse zur Verfügung, die zusätzlich zur vorhandenen in alle Wagen durch das Reichsbahn-Ausbesserungswerk Schöneweide eingebaut wurde.

Neben diesen und anderen vom Werk realisierten Veränderungen gab es bei den acht Wagen aus Leichtmetall mit den Nummern ET/ES 165 428–431 ständig Probleme. Durch Korrosion und Blechschäden waren besondere technologische Verfahren und besonders ausgebildete Fachkräfte nötig. Über beides verfügte das Reichsbahn-Ausbesserungswerk aus Gründen der Rentabilität wegen der geringen Anzahl dieser Wagen nicht.

Die Aufarbeitung

In den ersten Jahren wurden auch Erfahrungen über die erforderlichen Arbeiten an den Wagen gesammelt. Die daraus abgeleiteten Richtlinien hatten über Jahrzehnte Gültigkeit. Ziel aller Instandhaltungsmaßnahmen war es, den technisch notwendigen Aufwand vorbeugender Arbeiten aus Kostengründen soweit zu reduzieren, ohne daß der betriebssichere Einsatz der Fahrzeuge in Frage gestellt wird. Altbaufahrzeuge, wie die Baureihen 476 und 477, erfordern wegen der 60 bis 70 Jahre alten Fahrzeugtechnik eine häufigere Kontrolle als die modernen Fahrzeuge.

Heutige Grundlage für die Zuführung eines Viertelzuges zur Hauptwerkstatt sind die Festlegungen der Eisenbahn-Bau- und Betriebsordnung (EBO). Danach dürfen Fahrzeuge sechs Jahre nach einer Aufarbeitung in der Hauptwerkstatt im Betriebseinsatz sein, bevor sie erneut der Hauptwerkstatt zugeführt werden müssen. Je nach technischem und dem allgemeinen Zustand darf diese Einsatzfrist zweimal um je ein Jahr verlängert werden.

Auf zwei Gleisen werden die Fahrzeuge zu Beginn des Aufarbeitungsprozesses in die Waschhalle gefahren. Hier werden die Inneneinrichtung und bei Bedarf der Wagenkasten außen gereinigt. Es beginnt die Demontage der aufzuarbeitenden Teile sowie das Lösen aller Verbindungsteile zwischen Wagenkasten und Drehgestell. Mit leistungsfähigen, batteriegetriebenen Schleppfahrzeugen (von den Beschäftigten scherzhaft als „Esel" bezeichnet) werden die Wagen in eine der drei Wagenhallen gezogen. Mittels des Hallenkranes wird der Wagenkasten vom Drehgestell abgehoben und auf einen Stand aufgesetzt. Jedem Stand sind vier Böcke zugeordnet, deren Höhe ein Arbeiten unter dem Wagenkasten in aufrechter Haltung gestattet. Der Ab- und Anbau der unter dem Wagen angebrachten Geräte erfolgt mit einem Hubwagen. Um bei Blecharbeiten den Zugang zum Wagenkasten zu erleichtern, sind die Böcke in der Höhe verstellbar.

Parallel werden in den übrigen Hallen und Bühnen die weiteren Fahrzeug-Baugruppen aufgearbeitet und auf ihre Funktionstüchtigkeit überprüft. Danach erfolgt ihr Zusammenbau. In die Drehgestellrahmen werden die Achsen eingesetzt und das Bremsgestänge eingehängt. Das rollfähige Drehgestell wird zur Motorenhalle transportiert, um dort die Motoren einzubauen.

Auf dem gleichen Gleis werden zwei Drehgestelle seitenrichtig in die Wagenhalle weitergeschoben, damit der fertige Wagenkasten aufgesetzt werden kann. In den Arbeitsgruben der Prüfhalle werden sämtliche Verbindungen zwischen Wagenkasten und Drehgestell wieder hergestellt, und der Wagen wird für den Betriebseinsatz vorbereitet.

Der wichtigste Grundsatz bei der Aufarbeitung ist das „Tauschteil-Verfahren". Bereits beim Bau der Wagen hatte die damalige Deutsche Reichsbahn Gesellschaft Wert darauf gelegt, daß alle Bauteile und -gruppen freizügig getauscht werden können. Der Vorteil: die aufgearbeitete Wagen müssen nicht auf „ihre" Drehgestelle oder Apparaturen warten. Damit wird ein kürzestmöglicher Wagendurchlauf erreicht.

Jeder fertiggestellte S-Bahn-Zug wird in der Prüfhalle auf Herz und Nieren geprüft. Auf dem werkseigenen Probefahrtgleis von etwa einem Kilometer Länge werden die Fahrversuche unternommen sowie die Funktionstüchtigkeit aller fahrzeugtechnischen Einrichtungen überprüft.

Bevor der Zug in den Betriebseinsatz gehen kann, muß er noch eine Probefahrt absolvieren. Hier wird festgestellt, ob die elektrische Anlage funktioniert, die Bremsen in Ordnung sind und ob die Lager nicht zu warm werden. Die Probefahrten werden nach einem besonderen Fahrplan auf der Strecke Schöneweide–Ostbahnhof–Erkner und zurück durchgeführt. Erst wenn diese Fahrt ohne Beanstandung beendet ist, darf der Zug in den Betriebseinsatz gehen.

Die Zeit bis 1945

Im ersten Jahrzehnt bestand die Aufgabe des Werkes hauptsächlich darin, den Aufarbeitungsprozeß der unterschiedlichen Fahrzeugtypen zu optimieren, vorhandene technische Mängel ohne technologische oder konstruktive Maßnahmen zu beheben und bei der Entwicklung neuer Fahrzeuge (Bauarten 1936 und 1938/41) mitzuwirken.

Daneben galt es, kostengünstige Voraussetzungen für die Reparatur von Fahrzeugen mit schweren Unfallschäden zu schaffen. Daß insbesondere letzter Punkt eine hohe Bedeutung erlangen würde, ahnte im ersten Jahrzehnt niemand so recht. Doch mit Ausbruch des Zweiten Weltkrieges mußten in Schöneweide neben den planmäßigen Instandhaltungsarbeiten auch zunehmend leicht bis schwer beschädigte Wagen infolge der Kriegsereignisse aufgearbeitet werden. Darüber hinaus mußte kriegswichtiges Baumaterial aus den Wagen ausgebaut und durch andere Materialien ersetzt werden. Hinzu kam die zunehmend schleppende Belieferung mit Ersatzteilen, die oftmals eine zügige Aufarbeitung behinderte. In dieser Zeit wurden einige Umbaumaßnahmen vorgenommen, von denen die optisch markantesten erwähnt seien:

1. Umbau der Steuerwagen der Baureihen 165 in Beiwagen und damit Gewinnung von Ersatzteilen aus den nicht mehr benötigten Führerstandseinrichtung für die Aufarbeitung der Triebwagen (Beginn am 21. September 1942 mit ES 165 284).

2. Einbau einer Verdunkelungsschaltung (Reduzierung der Wagenbeleuchtung), um bei Fliegerangriffen nicht als Zielobjekt zu dienen.

3. Anbau von Gitterstangen an den Stirnseiten der Wagenkästen, damit bei „Verdunkelung" die Fahrgäste bei großem Verkehrsaufkommen nicht zwischen den Wagenkästen auf das Gleisbett fallen. Niemand konnte aber unter den Einwirkungen des Krieges wissen, ob nicht gerade die mit viel Mühe wieder aufgearbeiteten Wagen schon am Werktor erneut bei Luftangriffen beschädigt würden. Daß unter diese Umständen noch im April 1945 instandgesetzte Wagen das Werk Schöneweide verließen, muß wie ein Wunder wirken.

Trotz anstrengender Arbeit gab es um 1928 im Raw auch noch eine Gelegenheit für einen „Schnappschuß". Foto: Sammlung Gottwaldt

Die Entwicklung des Raw Schöneweide nach 1945

Das Erbe jener Zeit war dann auch entsprechend: Das Reichsbahn-Ausbesserungswerk Schöneweide war stark zerstört. An eine Arbeitsaufnahme war vorläufig nicht zu denken. Zunächst mußte also das Werk instandgesetzt werden. Unter Mühen gelang es den Betriebsangehörigen, im Oktober 1945 die Arbeit wieder aufzunehmen. In jenen ersten Jahren mußten sowohl die Untersuchungen an den betriebsfähigen als auch Instandsetzungsarbeiten an den leicht beschädigten S-Bahn-Wagen vorgenommen werden. Damit der Betrieb trotz zahlreicher Einschränkungen lief, waren wegen fehlender Einrichtungen viele Notmaßnahmen erforderlich: an Stelle der Glasfenster wurde Pappe oder Blech verwendet, die Beleuchtung war überwiegend unvollständig installiert, und in vielen Wagen fehlten Sitzbänke. Im Jahr 1952 waren diese Mißstände jedoch weitgehend behoben. Nun konnte man auch, gemeinsam mit dem damaligen VEB Waggonbau Bautzen, darangehen, die schwer beschädigten Kriegsschadwagen aufzuarbeiten. Innerhalb von drei Jahren sind rund 80 Viertelzüge aufgearbeitet worden, die seinerzeit unter dem Begriff „Bautzener Züge" in Betrieb genommen wurden.

Zwischenzeitlich hatte jedoch das Reichsbahn-Ausbesserungswerk Schöneweide eine neue Aufgabe übernommen. Als im August 1949 die Verwaltungstrennung der BVG in Berlin vorgenommen wurde, fehlte für die U-Bahn-Wagen eine Hauptwerkstatt. Da diese elektrischen Gleichstromtriebwagen hinsichtlich ihrer Konzeption denen der S-Bahn ähnlich sind, wurde dem Reichsbahn-Ausbesserungswerk Schöneweide die Hauptuntersuchung übertragen.

Ab 1955 begann die Generalreparatur der damaligen Baureihe 165. Diese Wagen waren nahezu dreißig Jahre alt und hatten durch den Krieg stark gelitten. Anläßlich dieser Reparatur wurde der Wagenkasten gründlich überholt. Die elektrischen Einrichtungen und die Inneneinrichtung wurden vereinheitlicht und die Kabel erneuert. Im Rahmen dieses Programmes wurden elf Beiwagen Baureihe 167, ein Viertelzug Baureihe 166 und ein Triebwagen Baureihe 165 völlig neu gebaut. Der neu gebaute S-Bahn-Wagen mit der damaligen Nummer EB 167 218 wurde auf einer Ausstellung aus Anlaß des 9. Gründungstages der DDR in der heutigen Frankfurter Allee der Öffentlichkeit gezeigt.

Im Jahr 1959 wurde die Aufarbeitung der Berliner Straßenbahn dem Reichsbahn-Ausbesserungswerk Schöneweide unterstellt. Unter Mitwirkung des Werkes entstand unter anderem auch der damals für Berlin typische zweiachsige Reko-Wagen, der sich in seinem Äußeren weitgehend an die seinerzeitige Gothaer Straßenbahn-Produktion anlehnte.

Ab 1960 wurden für einige Jahre zwei- und dreiachsige Reisezugwagen der Deutschen Reichsbahn rekonstruiert.

Etwa zur gleichen Zeit entwickelte die damalige Ostberliner BVG Vorstellungen über die Erneuerung des Wagenparks der Linie Alexanderplatz–Friedrichsfelde. Dieser Wagenpark bestand vollständig aus Kleinprofil-U-Bahn-Wagen, die zum Breitenausgleich auf dieser großprofiligen Strecke Bohlen angeschuht bekamen und im Volksmund als „Blumenbrett" bezeichnet wurden. Die zunehmende Bedeutung dieser Linie durch den Bau des Tierparkes sowie von neuen Wohngebieten machten es erforderlich, neue Wagen im Großprofil zu beschaffen. Nachdem die Konstruktionsunterlagen vorlagen, baute das Reichsbahn-Ausbesserungswerk Schöneweide im Verlaufe mehrerer Etappen nicht mehr benötigte S-Bahn-Wagen zu U-Bahn-Wagen um. Am 13. Dezember 1962 verließ der Zug mit der Nummer 1410/1411 als erster des Typs E III das Werk.

Die zusätzlich zum S-Bahn-Programm durch das Reichsbahn-Ausbesserungswerk Schöneweide übernommenen Produktionen wurden möglich, nachdem Anfang der sechziger Jahre Untersuchungen über Laufwegverlängerungen der S-Bahn durchgeführt und diese schrittweise eingeführt worden waren. Bis zu diesem Zeitpunkt wurden die Züge nach 100 000 Kilometer Laufweg im Ausbesserungswerk untersucht. Durch verschleißmindernde Maßnahmen, die dem heutigen Stand der Technik entsprechen, fahren die Züge heute trotz längerer Einsatzfristen genauso sicher wie früher.

Nachdem das Reko-Programm an Reisezugwagen abgelaufen war, begannen die Modernisierungsarbeiten an den S-Bahn-Zügen der damaligen Baureihe 167. Eine von Werkstechnikern entwickelte Wechselstrom-Beleuchtung wurde erstmalig in den Viertelzug 167 026 eingebaut. Diese den international empfohlenen Werten voll entsprechende Beleuchtung wurde in gleicher Form in den überwiegenden Teil der S-Bahn-Wagen eingebaut. Zur gleichen Zeit erhielt auch der Viertelzug 167 102 eine völlig neuartige Inneneinrichtung. An Stelle der bisher üblichen Holztäfelung wurde eine aus Sprelacart eingebaut, die Holzsitze wurden durch schaumgummigepolsterte ersetzt. Auch diese Variante war Vorbild für spätere Modernisierungen. Um das werbende Aussehen der Fahrzeuge weiter zu erhöhen, erhielten nach einigen vorangegangenen Versuchen ab Oktober 1969 die S-Bahn-Wagen einen äußeren Farbanstrich aus länger haltbarem Polyurethan-Lack („PUR").

Mit diesen Neuerungen konnte der Fahrkomfort für die Fahrgäste spürbar verbessert und in den S-Bahn-Betriebswerken die Fahrzeugpflege erleichtert werden.

Durch den weiteren Fortschritt war es unter anderem auch möglich, die Bremsbeläge der S-Bahn von Gußeisen auf Kunststoff umzustellen. Die ab ca. 1965 bei allen S-Bahn-Wagen eingesetzten Sohlen gestatteten einen besser zu beherrschenden Bremsvorgang durch den Triebfahrzeugführer und verschmutzten Anlagen und Fahrzeuge nicht so wie die Rückstände gußeiserner Bremssohlen.

Eine der größten Rationalisierungsmaßnahmen bei der Berliner S-Bahn war die Einführung des Einmannbetriebes („EMB"). Dies wäre ohne Mithilfe des Reichsbahn-Ausbesserungswerkes Schöneweide nicht denkbar gewesen. Innerhalb von rund vier Jahren waren die Züge sämtlicher S-Bahn-Strecken auf den Betrieb für den EMB umgestellt. Zwischen 1964 und 1969 wurde der überwiegende Teil der S-Bahn-Wagen mit Funk- und Sifa-Einrichtungen ausgerüstet, wobei den unterschiedlichen Bordnetz-Anlagen der einzelnen Baureihen Rechnung getragen werden mußte.

1971 wurde vom Ministerium für Verkehrswesen der DDR ein Programm verabschiedet, das Maßnahmen zur Erhaltung der Betriebstüchtigkeit der heutigen Baureihe 477 beinhaltete. Im Rahmen dieses Programms erhielten diese Züge neue Drehgestelle und Stromabnehmer, eine zweckmäßigere und modernere Inneneinrichtung und eine bequemere Bedienung des Zuges für den Triebfahrzeugführer. Der im Dezember 1973 fertiggestellte Baumuster-Zug (Vollzug) wurde eingehend meßtechnischen Überprüfungen unterzogen und ab August 1974 planmäßig eingesetzt. In den Folgejahren wurde nahezu der gesamte Wagenpark der Baureihen 477 und ab 1979 auch der überwiegende Teil der Züge aus den Baujahren 1928 bis 1932 der heutigen Baureihe 476 modernisiert.

In den Jahren des Bestehens der DDR erhielt das Ausbesserungswerk Schöneweide wiederholt Sonderaufgaben. So wurden über viele Jahre hinweg die vorläufig bei der Deutschen Reichsbahn unentbehrlichen Beiwagen der Verbrennungstriebwagen aus den Jahren vor 1945 aufgearbeitet. Diese Produktion ist gekennzeichnet durch die zahlreichen Fahrzeugbauarten, die einen Austauschbau kaum zuließen. In einer Phase beschleunigt durchzuführender Hauptuntersuchungen von vierteiligen Doppelstockzügen der Reichsbahn leistete das Werk Schöneweide dem sonstigen Heimat-Reichsbahn-Ausbesserungswerk Wittenberge Hilfe. In zwei Jahren, in denen diese Produktion in Schöneweide lief, wurden zahlreiche Einheiten in neuem Glanz dem Betrieb übergeben. Im Zuge des Traktionswechsels erhielten die Reisezugwagen eine elektrische Zugheizung. Die durch das Werk in Halberstadt gebauten vierachsigen Rekowagen wurden anfangs ohne diese Heizungsart ausgerüstet, die nun nachträglich im Ausbesserungswerk Schöneweide eingebaut wurde.

Die Veränderungen nach dem Fall der Mauer 1989 hatten auch Auswirkungen auf das Aufgabenprofil des Werkes. Die Aufarbeitung der U-Bahn- und der Straßenbahn-Wagen nahm die BVG ab Anfang der neunziger Jahre in ihren eigenen Werkstätten vor; damit blieben der heutigen Hauptwerkstatt „nur" noch die S-Bahn-Wagen. Der Bestand an aufzuarbeitenden Wagen erhöhte sich durch den Anteil der BVG-S-Bahn-Züge der Baureihen 475 und der Neubauten der Baureihe 480.

Für die Beschäftigten der Hauptwerkstatt stellen sich mit dem Einsatz der neuen Fahrzeuge der Baureihen 480, 481 und 485 neue Aufgaben und Herausforderungen. Die über 70 Jahre alte Fahrzeugtechnik der Altbaufahrzeuge wird durch die moderne, rechnergesteuerte Antriebstechnik ersetzt. Andere Konzepte für die Instandhaltung, Wartung, Fehlersuche und -beseitigung werden notwendig. Hinzu kommen Aufgaben, die Fahrzeuge künftigen Einsatzkonzeptionen technisch anzupassen und hierzu die notwendigen Voraussetzungen zu schaffen. Auch Fragen der Fahrgastsicherheit und einer höheren Attraktivität der Fahrzeuge stehen im Mittelpunkt künftiger Überlegungen. Die Hauptwerkstatt Schöneweide stellt sich den Anforderungen.

In der Prüfhalle werden die aufgearbeiteten Fahrzeuge einer Endprüfung unterzogen, bevor sie wieder zum Einsatz kommen.
Foto: Hütter

Von Charlottenburg nach Schlesischer Bahnhof

Die bauliche Umrüstung der Stadtbahn

Von Hans-Jochen Müller (vb 1978, Seite 40 bis 44)

Für die Elektrifizierung waren umfangreiche bauliche Veränderungen erforderlich. Gleichzeitig sind in diesem Zusammenhang durch weitere Baumaßnahmen zusätzliche Verbesserungen für den Stadtbahnverkehr geschaffen worden.

Die 1882 für den Betrieb mit Dampflokomotiven eröffnete Bahnanlage der Berliner Stadtbahn gilt als eine der größten Leistungen im Städtebau jener Zeit. Damit wurde erreicht, daß ein großer Teil des schon zu dieser Zeit gewaltigen Vorortverkehrs Berlins nicht an isolierten Kopfbahnhöfen enden mußte, wo die Fahrgäste zum Umsteigen auf andere Verkehrsmittel gezwungen wurden, was von verschiedenen Verkehrsfachleuten des 19. Jahrhunderts bereits als Widersinn angesehen wurde. So hat August Orth in seiner im Jahr 1871 erschienenen Schrift „Berliner Zentralbahn; Eisenbahnprojekt zur Verbindung der Berliner Bahnhöfe nach der inneren Stadt" den Anschluß aller Bahnen an eine zentrale Stadtbahn gefordert. Berlin müsse – nach den Ausführungen August Orths – ein rein radial ins Herz der Stadt dringendes Schnellverkehrssystem nach Londoner Muster erhalten.

Am 7. Februar 1882 wurde die Stadtbahn, die in dieser Form teilweise nach dem Orthschen Zentralbahnvorschlag für den Stadtverkehr ausgeführt war, in Betrieb genommen. In dem Bemühen, so billig wie möglich zu bauen und Grunderwerbskosten weitestgehend zu reduzieren, ist die heutige Linienführung der Stadtbahn entstanden. So wurden der Königsgraben (Jannowitzbrücke–Alexanderplatz) und der anschließende Zwirngraben (Bahnhof Börse, heute Hackescher Markt) zugeschüttet. Durch den Verlauf dieser Gräben sind in diesem Abschnitt die sehr engen Radien (bis zu 250 Meter) begründet. Von der insgesamt 12,145 Kilometer langen Stadtbahn liegen 4,920 Kilometer in Krümmungen. Eine von August Orth geplante annähernd geradlinige Streckenführung zwischen den in Aussicht genommenen Endbahnhöfen Schlesischer Bahnhof (heute Ostbahnhof) und Charlottenburg über Michaelbrücke, Spittelmarkt, parallel zur Leipziger Straße und südlich des Zoologischen Gartens, hätte nicht nur die Streckenlänge der ausgeführten Linie um zwanzig Prozent abgekürzt, sondern auch die wichtigsten Hauptverkehrsadern der Stadt berührt. Vor allem die hohen Grunderwerbskosten machten diese Linienführung unausführbar.

Mit der im Juli 1926 beschlossenen Elektrifizierung der Berliner Stadt- und Ringbahn sowie der anschließenden Vorortstrecken begannen im Spätsommer desselben Jahres die hierfür notwendigen Bauarbeiten. Zusätzlich zu diesen Arbeiten liefen zeitlich parallel umfangreiche bauliche Umgestaltungen. Dazu gehörten Maßnahmen der Gewölbeverstärkung, Auswechseln von Brücken sowie Bahnhofsumbauten. Alle diese bautechnische Eingriffe mußten bei voller Aufrechterhaltung des Betriebes der Stadtbahn durchgeführt werden. Da besonders die dichte Zugfolge auf der Stadtbahn sehr große Schwierigkeiten für den Bauablauf bereitete, mußten die Arbeiten vorrangig in den nächtlichen Betriebspausen von etwa 1.30 bis 4.00 Uhr durchgeführt werden.

Bahnhöfe

Aus verschiedenen Gründen war die Umgestaltung der Stadtbahnhöfe dringend erforderlich. Neben Erweiterungen für die Fernbahn (auf die hier nicht näher eingegangen wird) ergaben sich notwendige Ergänzungen infolge der Elektrifizierung. Darüber hinaus sind erhebliche Verbesserungen für den Stadtbahnverkehr geschaffen worden. So wurden der Bahnhof Friedrichstraße von 1914 bis 1926, der Bahnhof Alexanderplatz von 1929 bis 1932 sowie der Bahnhof Zoologischer Garten von 1934 bis 1936 umgestaltet und erweitert. Es war außerdem notwendig, für die Bahnhöfe Friedrichstraße, Alexanderplatz und Schlesischer Bahnhof wegen Korrosionserscheinungen (verursacht durch den Dampflokbetrieb) bereits im ersten halben Jahrhundert nach Eröffnung der Stadtbahn neue Bahnhofshallen zu errichten. Auch die kleineren Hallen über den Stadtbahnsteigen Jannowitzbrücke, Börse, Lehrter Stadtbahnhof und Bellevue sind in dieser Zeit umgebaut worden. Die neue Halle des Bahnhofes Jannowitzbrücke ist erstmalig als durchgehende Schweißkonstruktion gebaut worden.

Im Zuge der Umgestaltung der Stadtbahnhöfe sind auch bessere Möglichkeiten der Information (zum Beispiel Zugankündiger) für die Beschleunigung der Abfertigung der elektrisch betriebenen Züge geschaffen. Mit der Elektrifizierung ist sowohl die Gleisanordnung als auch die betriebliche Nutzung der Gleise in den Endbahnhöfen erheblich verändert worden.

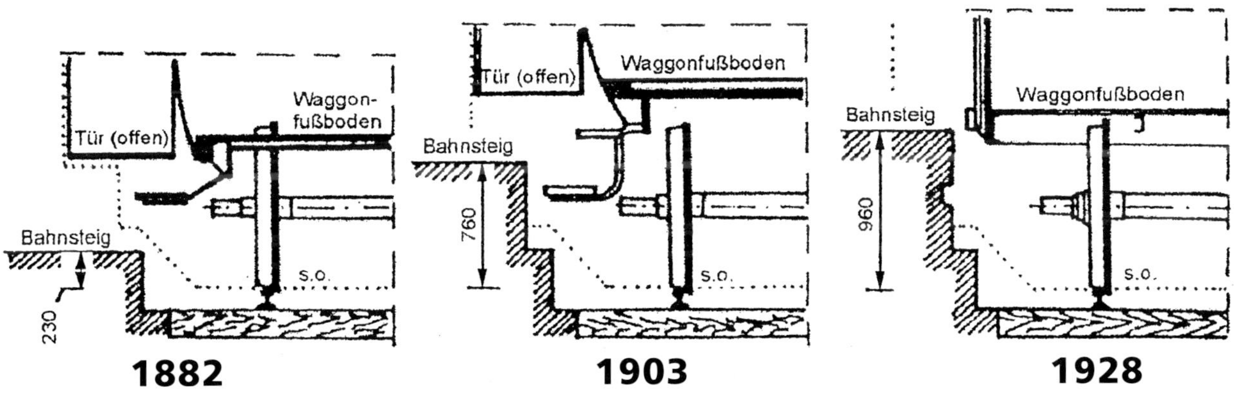

Bahnsteigkanten-Höhen auf den Bahnhöfen der Stadtbahn 1882, 1903 und 1928
(Maße in Millimetern; Zeichnung: Sammlung Müller)

Auf einer der drei Nordstrecken werden 30-kV-Bahnstromkabel für die Elektrifizierung der Vorortstrecken verlegt.
Foto: Sammlung Bock

Bahnsteighöhen

Die Höhe der Stadtbahn-Bahnsteige ist seit der Eröffnung bis zur Elektrifizierung mehrmals verändert worden. Ursprünglich betrug sie nur 230 Millimeter über der Schienenoberkante (SO). Dieses Maß genügte, solange Stadtbahnwagen mit besonders niedriger Fußbodenlage verwendet wurden (Das Wageninnere konnte beim Suchen von Plätzen besser vom Bahnsteig aus übersehen werden). Diese Möglichkeit war nach dem Übergang von Vorortwagen mit 340 Millimeter höherer Fußbodenlage auf die Gleise der Stadtbahn nicht mehr möglich. Deshalb führte man im Jahre 1903 die bereits auf den Vorortstrecken erprobte Höhe von 760 Millimeter über SO auch auf der Stadtbahn ein.

Mit der Elektrifizierung der Stadt-, Ring- und Vorortbahnen war in den Jahren 1927/28 eine nochmalige Erhöhung der Bahnsteige erforderlich. Diese Bahnsteig-Anhebung wurde so gewählt, daß bei tiefster Lage der Wagenfedern und der Achsen der Bahnsteig und der Wagenfußboden in gleicher Höhe liegen. Aus dieser Vorgabe ergab sich eine Höhe von 960 Millimeter über SO. Bei diesem Abstand konnten auch Türen von Fernzügen, sofern sie ausnahmsweise über die Stadtgleise geleitet werden mußten, noch ungehindert geöffnet werden. Allerdings war für diese Bahnsteigerhöhung eine Sondergenehmigung erforderlich. Bevor diese erteilt werden konnte, mußte auf dem Bahnhof Tempelhof ein Versuchsbahnsteig errichtet werden. Nach Erteilung der Genehmigung ist für die 93 Bahnsteige im elektrisch betriebenen Bereich die Erhöhung sofort, bei den übrigen Vorortbahnsteigen nach und nach vorgenommen worden.

Unterschiedlich war die bauliche Ausführung der Bahnsteige. So ruhten die ersten, 230 Millimeter über SO liegenden Bahnsteige, auf Mauerwerkskörpern, die durch zumeist quadratische böhmische Kappen unterstützt wurden. Diese Kappen spannten sich zwischen den Bögen und Pfeilern einerseits und zwischen den Gurtbögen andererseits, die von Pfeiler zu Pfeiler reichten.

Die erste Bahnsteigerhöhung führte man mit Stahlbetonblöcken, die auf den alten Bahnsteig gestellt wurden, und darübergespannte Stahlbetonplatten aus. So entstand das typische Aussehen der Stadtbahnsteige und ihr damals eigenwillig hohler Klang. In der Praxis bewährte sich diese Konstruktion im Laufe der Jahre nicht; oft lockerten sich die Platten und brachen.

Für die zweite Erhöhung auf 960 Millimeter über SO im Rahmen der Stadtbahn-Elektrifizierung kam eine völlig neue Bauweise zur Anwendung. Auf Pfeiler wurden Querträger verlegt, auf die Längsträger in etwa 0,90 bis 1,70 Meter Abstand befestigt wurden. Die Abdeckung dieser Stahlkonstruktion erfolgte mit 80 bis 100 Millimeter dicken Stahlbetonplatten. Auf diesen Platten wurde ein 50 bis 70 Millimeter dicker Unterbeton aufgebracht, auf den entweder 20 Millimeter Gußasphalt oder 40 Millimeter dicke Betonplatten (300 x 300 Millimeter) verlegt wurden. Außerdem ist auf jedem Bahnsteig zwischen zwei Längsträgern gleichlaufend mit den beiden Gleisen je ein Kabelkanal für Schwach- und Starkstromleitungen angeordnet worden.

Bedingt durch den sehr dichten Stadtbahnverkehr war die reibungslose Durchführung dieser Arbeiten keineswegs einfach. Diese Maßnahmen erforderten eine große Anzahl von Zwischenlösungen und verursachten erhebliche Baukosten. Mit der gewählten konstruktiven Lösung ist die Möglichkeit geschaffen worden, alte Kappen des Viaduktes zu entfernen, was erstmalig am Bahnhof Alexanderplatz erfolgte.

Stromschienen

Zur Energieversorgung der S-Bahn-Züge ist seitlich neben dem Gleis eine Stromschiene angeordnet worden, die von unten bestrichen und am Anfang mit Schutzkästen aus Holz verkleidet wurde. Auf der freien Strecke ist sie im allgemeinen in Fahrtrichtung links montiert, in Bahnhöfen auf der dem Bahnsteig abgewandten Seite. Die Stromschienenträger wurden im Abstand von 5,5 Meter (jede achte Schwelle) vorgesehen. Vorhandene Profileinschränkungen in Brückenbereichen erforderten den Einbau von Brückenleitschienen, die die Stromabnehmer der Fahrzeuge nach innen drücken. Durch die Stromschienen wurde (und wird) die bereits wegen der engen Platzverhältnisse sehr schwierige Gleisunterhaltung der Stadtbahn-Gleise ganz erheblich erschwert.

Kabel

Für die Unterbringung der notwendigen Stark- und Schwachstromkabel mußten beiderseits des Gleiskörpers Kabelkonsolen angebracht werden. Diese Konsolen kragen mehr oder weniger aus, wobei die Kabelabdeckung mit Betonplatten erfolgt. Durch diese begehbaren Kabelkanäle wurde der Bahnkörper entsprechend verbreitert, was mehr Sicherheit für das Bahnunterhaltungspersonal brachte.

Die Auskragungen an den Wölbbögen der Stadtbahn wurden in Stahlbeton errichtet, die Konstruktionen für die Konsolen an den Brücken jedoch aus Holz hergestellt.

Fahrschienen

Mit der Einführung des elektrischen S-Bahn-Betriebes nahm der Schienenverschleiß aufgrund der höheren Geschwindigkeiten von bis zu 55 km/h sowie der größeren ungefederten Massen der Achsen durch die elektrischen Motorantriebe erheblich zu. Nur mit der Verwendung besonders gehärteter Schienen (120 kg/mm^2 Festigkeit) konnte erreicht werden, daß in den am stärksten beanspruchten Gleisbogen die Liegedauer der Schienen mindestens ein Jahr betragen würde. Es mußten Holzschwellen eingebaut werden, da wegen der selbsttätigen Zugsicherung in den Stadtbahngleisen keine Stahlschwellen verwendet werden durften.

Stadtbahnbögen

Die 12,145 Kilometer lange Stadtbahn wurde auf einer Länge von 7,964 Kilometer auf steinernen Viadukten errichtet. Etwa 600 Bögen entfallen auf freie Strecke (Breite ca. 15,5 Meter) und etwa 160 Bögen auf Bahnhöfe. Infolge der Erhöhung der Achslasten sowie durch einen ständig dichter werdenden Zugverkehr traten etwa 25 Jahre nach der Stadtbahn-Eröffnung die ersten Schäden an den Bögen auf. Risse an Bögen und Pfeilern beschädigten Abdichtungen und es kam wegen ungenügender Entwässerung zu Wasserschäden. Da teilweise vorgenommene Ausbesserungen nicht mehr ausreichten, entschloß man sich im Jahre 1922, das

Wie ein Lindwurm schlängelt sich die Stadtbahn zwischen der Jannowitzbrücke und der Museumsinsel durch das neue und alte Berlin.
Foto: DB Projekt GmbH Knoten Berlin

Bauwerk von Grund auf instandzusetzen. Mehrere Lösungsvorschläge wurden unterbreitet.

Zur Anwendung kam das von der Firma Grün und Bilfinger, Mannheim, patentierte Verfahren, das ein untergezogenes Gewölbe vorsah. Durch konstruktive Maßnahmen wurde eine Entlastung der alten Pfeiler erreicht. Die Reihenfolge der Bogenverstärkungen ergab sich aus dem jeweiligen Zustand und den örtlichen Gegebenheiten. So wurden zum Beispiel solche Bögen zuerst verstärkt, die für die Unterbringung der Gleichrichterwerke der Stadtbahnelektrifizierung vorgesehen waren.

Besondere Lösungen waren am Bahnhof Jannowitzbrücke erforderlich, wo die Pfeiler im Spreebett auf einzelnen Senkbrunnen gegründet waren Hier entschloß man sich zu einer Druckluftgründung. Zwischen den Bögen wurden Senkkästen hergestellt, die bis zum tragfähigen Baugrund abgesenkt wurden und das Fundament für das Sohlgewölbe bilden. Mit Hilfe von Abschlußwänden auf den neugegründeten Sohlgewölben konnte auch das Spreewasser unterhalb der Stadtbahnbögen bis an den eigentlichen Flußlauf verdrängt werden, so daß neue, brauchbare Räume entstanden. Diese Verstärkungsarbeiten dauerten bis zum Anfang der dreißiger Jahre.

Brückenauswechslungen

Die Stadtbahn überquerte zwischen den beiden Endbahnhöfen insgesamt 56 Straßen, sieben Wasserläufe sowie die Gleise der Lehrter Bahn. Trotz zwischenzeitlich durchgeführter Verstärkungen genügte die Mehrzahl der im Jahr 1882 in Betrieb genommenen Brücken nicht mehr den gestellten Anforderungen. Aufgrund der geringen Sperrmöglichkeiten der Stadtbahngleise sowie eines großen Teiles der zu überquerenden Straßen wurden

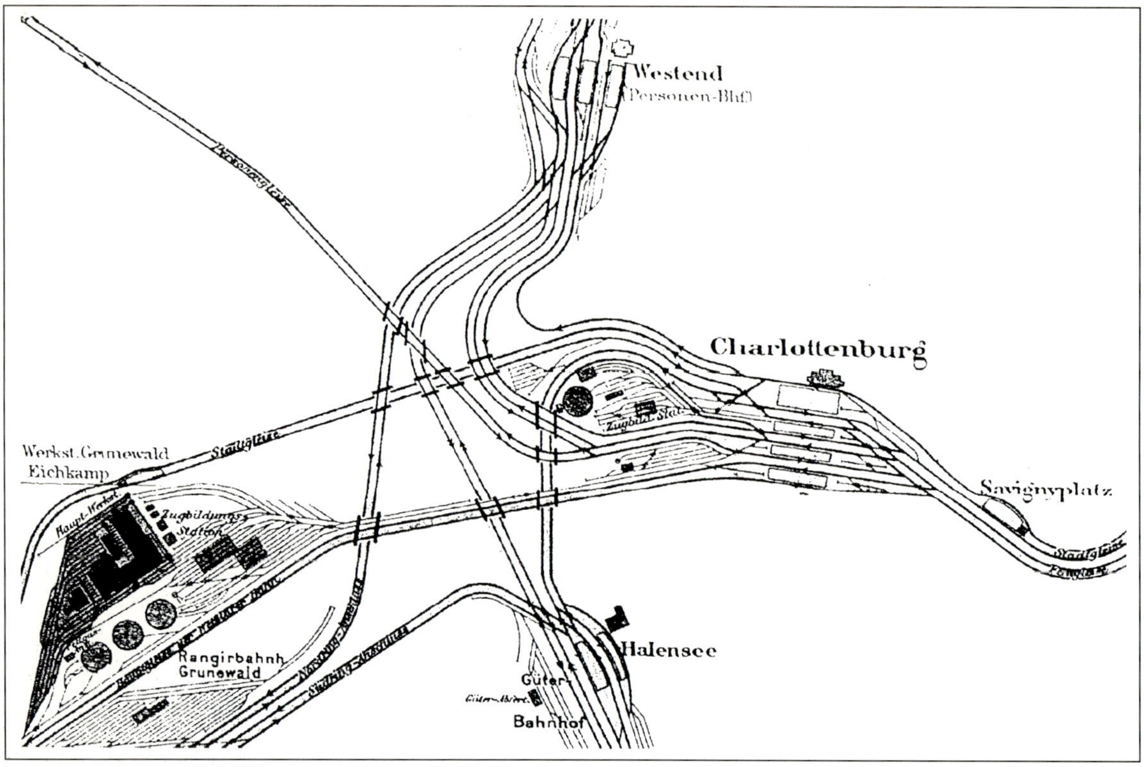

Die Bahnanlagen westlich von Charlottenburg vor dem Umbau. Aus: Berlin und seine Eisenbahnen, 1896

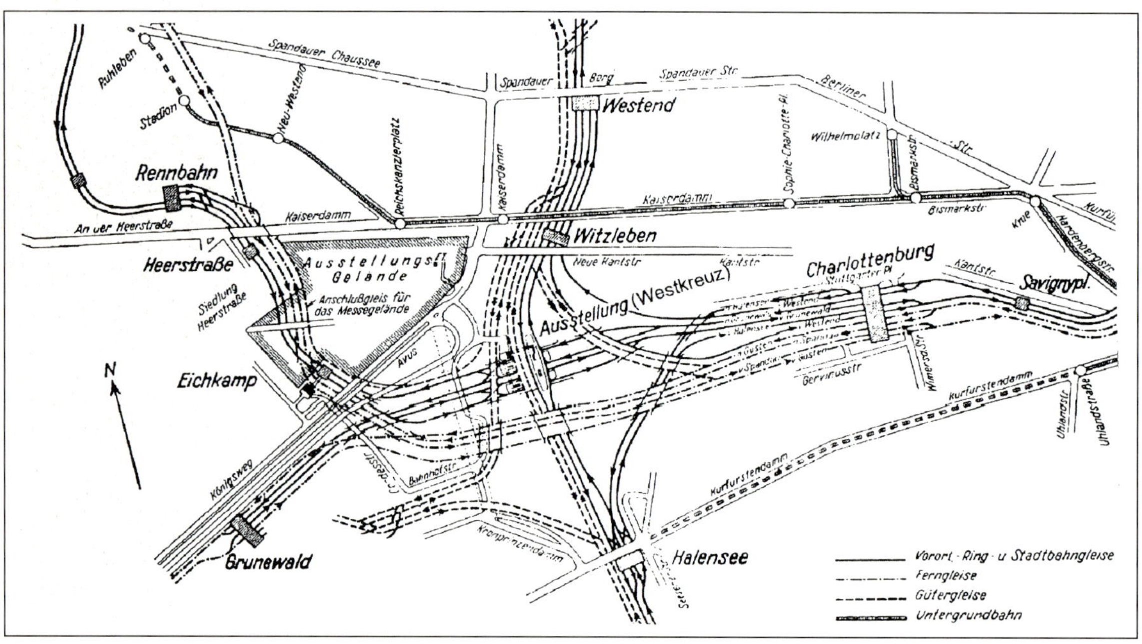

Die Bahnanlagen westlich von Charlottenburg nach dem Umbau. Aus: Berlin und seine Bauten, Teil X, Band B

besondere Maßnahmen zum Auswechseln der Brücken erforderlich. So geschah das Auswechseln der alten Überbauten mit Hilfe von Behelfsbrücken, wie sie in ähnlicher Form bei der Verstärkung der Stadtbahnbögen zur Entlastung der Gewölbe verwendet wurden. Allerdings mußten für den Ersatz der alten Brücken die Gleise um etwa 50 bis 60 Zentimeter angehoben werden.

Auf Wunsch und mit Kostenbeteiligung der Stadt Berlin sind bei der Brückenerneuerung gleichzeitig einige Straßen durch den Abbruch von Bögen und Ersatz durch Brücken verbreitert worden. Die Unterführung der Holzmarktstraße wurde zum Beispiel im Jahr 1930 auf 34 Meter verbreitert. Beim Bau der U-Bahn-Linie Gesundbrunnen–Neukölln (heutige U-Bahn-Linie 8) wurde auf Betreiben der Stadt der steinerne Viadukt zwischen der Jannowitzbrücke und der ehemaligen Straße An der Stralauer Brücke 1930/32 durch eine Stahlkonstruktion ersetzt.

Weiterhin wurde eine neue Straßenunterführung für die künftig zu verlängernde und zu verbreiternde Holzmarktstraße und eine Verbreiterung der Schicklerstraße durch Abbruch der alten Viadukte und Ersatz durch Stahlkonstruktionen geschaffen.

Der Bahnhof Jannowitzbrücke mußte nach Forderungen der Stadt und der Strombauverwaltung um 54 Zentimeter angehoben werden. Der Bahnsteig konnte dabei gleichzeitig verbreitert werden, da durch den U-Bahn-Bau ein Gebäudeflügel abgebrochen worden ist.

Umbauten westlich von Charlottenburg

Ein Bestandteil des Elektrifizierungsbeschlusses waren die Umbauten der Bahnanlagen westlich des Bahnhofes Charlottenburg. Mit diesem Umbau entstanden die seit langem geplanten Verbindungsgleise zwischen den Stadtbahn-Stadtgleisen und den Vor-

Nächtliche Bauarbeiten können den aus Erkner kommenden „Ludwig 11" nicht aufhalten. „Fahren und Bauen" waren schon in den 50er Jahren angesagt. Foto: Sammlung Gottwaldt

ortgleisen nach Spandau mit der Einmündung im Bereich des Bahnhofs Heerstraße.

Gleichzeitig wurde am Kreuzungspunkt der Stadtbahn mit der Ringbahn der Bahnhof „Ausstellung" (heute Westkreuz) errichtet. Hier verzweigen sich im Richtungsbetrieb an zwei Bahnsteigen die S-Bahn-Strecken nach Potsdam und Spandau. Im Gegensatz zum 1882 eröffneten Bahnhof Ostkreuz sind hier vorbildliche und übersichtlich gestaltete Umsteigebeziehungen zwischen der Stadt- und Ringbahn hergestellt worden.

Durch den Richtungsbetrieb fahren die S-Bahn-Züge in Richtung Stadtbahn grundsätzlich nur von einem Bahnsteig ab. Ab dem Bahnhof Charlottenburg wurden S-Bahn-Verbindungen von der Stadtbahn zur Ringbahn eingerichtet, so daß zusätzliche Seitenbahnsteige, wie zum Beispiel am Bahnhof Ostkreuz, entfallen konnten.

Für die Ringbahn ist in diesem Turmbahnhof ein oberer Bahnsteig errichtet worden, der als erster S-Bahnhof im Jahre 1928 mit Rolltreppen ausgerüstet wurde. Es folgten 1931 der Bahnhof Alexanderplatz und 1932 der Bahnhof Jannowitzbrücke mit weiteren Rolltreppen.

Der S-Bahnhof Eichkamp, ursprünglich an der Strecke Charlottenburg–Grunewald gelegen, erhielt einen neuen Standort an der Strecke Charlottenburg–Heerstraße–Spandau. Ebenfalls verlegt wurden die Ferngleise zwischen Heerstraße und Charlottenburg. Mit diesen Umbauten konnten im Bahnhof Charlottenburg schienengleiche Kreuzungen zwischen den Stadt- und Fernbahngleisen beseitigt werden. Es entstanden im Rahmen der Elektrifizierung der S-Bahn übersichtliche, leistungsfähige und moderne Anlagen, die nach notwendigen Erneuerungen auch heute noch ihre Funktion in vollem Umfang erfüllen.

S-Bahn-Klassiker

Die elektrischen S-Bahn-Wagen des Typs „Stadtbahn"

Von Hans-Joachim Hütter (vb 1978, Seite 44 bis 49)

Über die Fahrzeuge der Berliner S-Bahn ist viel geschrieben worden, insbesondere über die verschiedenen Bauarten und ihre technischen Merkmale. Einen besonderen Platz nehmen dabei stets die in den Jahren 1927 bis 1930 gebauten Wagen der Baureihe 475 (früher Baureihe 275, Baureihe 165) ein, die auch unter dem Namen Stadtbahn-Wagen oder Bauart Stadtbahn bekannt sind. Den Namen verdanken sie dem Umstand, daß mit ihnen der elektrische Betrieb auf der Stadtbahn aufgenommen wurde.

1998 gab es das 70jährige Jubiläum der Elektrifizierung der Stadtbahn-Strecke. Die seinerzeit für diese Strecke gebauten Fahrzeuge – 1998 als Baureihe 476 noch im täglichen Betriebseinsatz anzutreffen – haben mittlerweile das gleiche Alter erreicht. Dank der Pflege und Instandhaltung sind die Stadtbahnwagen trotz ihres hohen Alters auch weiterhin ein zuverlässiges Verkehrsmittel. Doch ihre Tage sind gezählt: der ständige Zugang neuer Züge der Baureihe 481 macht die Veteranen zunehmend entbehrlich.

An dieser Stelle sollen nun einige weniger bekannte Aspekte bei der Ausstattung der Wagen betrachtet werden.

Fahrzeugkonzeption der »Stadtbahner«

Wenn ein Fahrzeugpark grundlegend zu erneuern ist, wie es seinerzeit im Zusammenhang mit der Elektrifizierung in Berlin beabsichtigt wurde, sind nicht nur technische, sondern auch verkehrliche und betriebswirtschaftliche Gesichtspunkte in die Überlegungen einzubeziehen.

Diese Überlegungen waren auch deshalb erforderlich, weil über viele Jahre hinweg keine Entscheidung über die Zukunft der Stadt-, Ring- und Vorortbahnen gefällt worden war und dadurch der veraltete Fahrzeugpark gegenüber den neuzeitlichen Fahrzeugentwicklungen bei U-Bahn, Straßenbahn und Omnibus bei den Fahrgästen eine mehr abstoßende als anziehende Wirkung hatte.

Somit konnte nur durch einen attraktiven Wagenpark und einen den Erfordernissen entsprechenden Zugverkehr dem stetigen Schwund an Fahrgästen und den damit geringeren Einnahmen begegnet werden.

Der nun schon legendäre Stadtbahner war das Sinnbild des Berliner elektrischen Schnellbahnverkehrs. Ein fabrikneuer Halbzug mit dem Triebwagen 2185 (später ET 165 037) an der Zugspitze hat am 14. März 1928 auf dem Werksgelände in Schöneweide vor der damals werbewirksamen Kulisse der Köllnischen Heide Aufstellung genommen. Siemens-Schuckert Werkfoto: Sammlung Gottwaldt

Wagenbauliche Konzeption

Bei der Entwicklung neuer Fahrzeuge war zu berücksichtigen:

- Die Zuglänge durfte wegen der vorhandenen Bahnsteige 150 Meter nicht übersteigen. Eine Verlängerung der Bahnsteige hätte zu hohe Kosten verursacht. Außerdem wäre die Zugfolgezeit wegen des längeren Räumweges des vorausfahrenden Zuges zu groß geworden.
- Zur Verkürzung der Bahnhofsaufenthaltszeiten wurden die Bahnsteige auf das Niveau des Wagenfußbodens aufgeschüttet. Damit konnten trittstufenlose Wagen gebaut werden. Die Fahrgastraum-Aufteilung und die Anzahl der Türen waren in diesem Zusammenhang so zu wählen, daß ein rascher Fahrgastwechsel möglich wurde.
- Die Antriebsleistung der Fahrzeuge war für eine 90-Sekunden-Zugfolge zu bemessen.
- Die Fahrzeug-Begrenzungslinie war bis auf das äußerste Maß auszunutzen.

Im Vorfeld der Untersuchungen für die verkehrlich günstigste Wagenbauart waren auf den elektrifizierten Nordstrecken Berlins bereits mehrere Varianten mit unterschiedlichen Tür-, Fenster- und Sitzplatzanordnungen erprobt worden. Aus technischer und verkehrspolitischer Sicht erwies sich die Bauart 1925 (spätere Baureihe 168) den übrigen überlegen, weil

- Trieb- und Steuerwagen als kleinste Zugeinheit wagenbaulich identisch waren (Drehgestellwagen, Fenster- und Türteilung) und für die Herstellung und Unterhaltung der Wagen gleiche technologische Arbeitsabläufe und vereinfachte Lagerhaltung möglich waren,
- der Viertelzug als kleinste Zugeinheit mit 50 Prozent angetriebenen Achsen (25 Prozent bei den zuvor gebauten Wagen) und einer selbsttätigen Zugsteuerung, die unabhängig von der Fahrkunst des Triebfahrzeugführers stets eine gleichartige Anfahrt ermöglicht, betriebstechnisch und wirtschaftlich die beste Lösung darstellte,
- die vier Doppelschiebetüren je Wagenseite und die Fahrgastraumaufteilung sich besser bewährten als mehrere Einfachschiebetüren, wie sie bei den Versuchszügen der Bauart 1922 und der Bauart 1924 (spätere Baureihe 169) verwendet wurden.

Aufgrund der vorliegenden Erkenntnisse sollten die neuen Stadtbahnwagen die gleiche Konzeption aufweisen wie die Bauart 1925. Der Viertelzug wurde als kleinste Einheit festgelegt, die wiederum aus Trieb- und Steuerwagen bestand. So war man in der Lage, aus mehreren Viertelzügen beliebiger Reihung 4-, 6- oder 8-Wagen-Züge zu bilden, da ja jede kleinste Zugeinheit an jedem Zugende einen Führerstand besaß. Allerdings sprachen in der Folgezeit andere Gründe gegen die freizügige Zugbildung. Die Steuerwagen wurden bei den späteren Lieferungen durch Beiwagen ersetzt, weil der Betriebseinsatz einzeln fahrender Viertelzüge nur in Ausnahmefällen erfolgte. Der Führerraum der Steuerwagen wurde bei den Beiwagen für die Anordnung weiterer Sitzplätze genutzt. Ebenso wie bei der Bauart 1925 waren auch bei den Stadtbahnwagen alle Achsen des Triebwagens angetrieben.

Trotz der positiven Erkenntnisse mit der Bauart 1925 sollten bei den neuen Wagen die Inneneinrichtung zweckmäßiger und die Ausstattung verkehrswerbender gestaltet werden. Außerdem waren die Wagen in Leichtbauweise herzustellen. Diese letzte Forderung hat insbesondere bei Nahverkehrsfahrzeugen mit den häufigen Anfahrten energietechnische Gründe. Bekanntlich entnimmt das Fahrzeug während der Anfahrt aus der Fahrleitung die größte Energie. Der Energieverbrauch wird um so geringer, je leichter die Wagen werden. Bei der Ausdehnung des Berliner Streckennetzes mit einer Vielzahl von Anfahrten wirkt sich daher die Anwendung

Ziel: Berlin Wannseebahnhof. ET 165 221 führt den Vollzug über die Wannseebahn zwischen Sundgauer Straße und Lichterfelde West. Über die elektrifizierten Gleise der Potsdamer Stammbahn (links des Zuges) verkehrten ab 15. Mai 1933 die „Bankierzüge" ohne Halt zwischen Zehlendorf Mitte und Berlin Potsdamer Bahnhof. Foto: Sammlung Gottwaldt

Triebwagen Bauart 1927/1928
54 Sitzplätze,
100 Stehplätze

Triebwagen Bauarten 1929 und 1930
60 Sitzplätze,
90 Stehplätze

Steuerwagen Bauart 1927/1928
58 Sitzplätze,
90 Stehplätze

Steuerwagen Bauart 1929
61 Sitzplätze,
80 Stehplätze

Steuerwagen Bauart 1929 mit zwei Trennwänden
63 Sitzplätze,
75 Stehplätze

Beiwagen Bauarten 1929 und 1930
67 Sitzplätze (3. Kl.) oder 65 Sitzplätze (2./3. Kl.),
85 Stehplätze

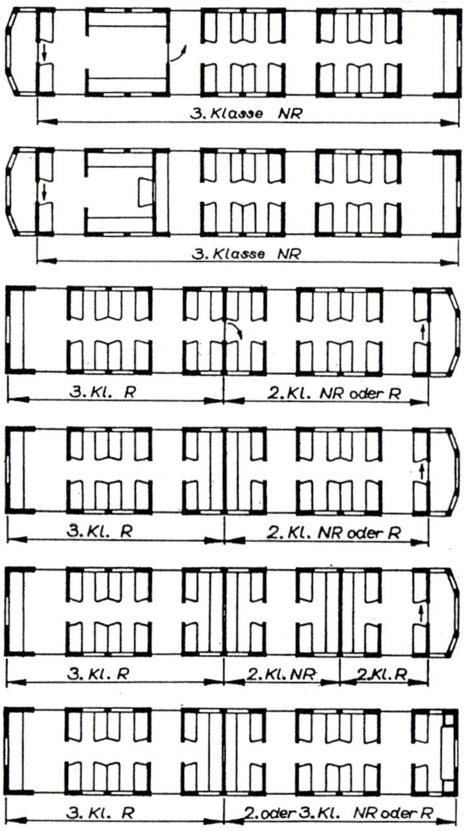

Grundrisse der Trieb-, Steuer- und Beiwagen bei Indienststellung (Zeichnungen: Ebert)

der Leichtbauweise günstig auf die Betriebskosten aus. Mit Rücksicht auf die erforderliche Widerstandsfähigkeit konnte das Gewicht eines Viertelzuges um 18,3 Prozent gegenüber der Bauart 1925 vermindert werden.

Triebwagen: Bauart Stadtbahn 38,0 t; Bauart „1925" 44,5 t
Steuerwagen: Bauart Stadtbahn 27,0 t; Bauart „1925" 33,5 t
Bei den in mehreren Etappen gelieferten Wagen wurden geringfügige Veränderungen wirksam, die sich im wesentlichen auf die Inneneinrichtung beschränken. Die verschiedenen Lieferungen lassen sich wie folgt zusammenfassen:
Bauart 1927/28, Bauart 1929 und Bauart 1930.
Die Unterschiede in der Inneneinrichtung sind in dieser Form heute nicht mehr vorhanden.

Die Wagenklassen

Was bei Fernreisezügen üblich und heute versuchsweise bei der Baureihe 481 eingeführt ist, wurde in früheren Jahren auch bei den Dampfzügen der Stadt-, Ring- und Vorortbahnen und der U-Bahn angewendet – die Unterscheidung nach Wagenklassen. Während in der damaligen 3. Klasse Holzsitze vorhanden waren, verfügte die 2. Klasse über gepolsterte Sitze. Bei der U-Bahn wurde letztere jedoch am 15. März 1927 zugunsten eines Einheitstarifes bei den Verkehrsmitteln U-Bahn, Straßenbahn und Omnibus aufgegeben. Für die neuen Stadtbahnwagen aber wurde die 2. Wagenklasse beibehalten, um einem Teil der Fahrgäste einen erhöhten Komfort und der DRG zusätzliche Einnahmen zu sichern.

Aus den Fahrkartenerlösen und durch Zählungen auf den am stärksten benutzten Strecken wurde ein Fahrgastanteil von rund 25 Prozent ermittelt, der die 2. Wagenklasse in Anspruch nahm. Demzufolge wurde bei der kleinsten Zugeinheit, dem Viertelzug, der gleiche Anteil in dieser Klasse ausgeführt und somit gesichert, daß im Zugverband unabhängig von der Zuglänge stets dieser Prozentsatz beibehalten wurde. Die 2. Klasse wurde in der am Betriebskupplungsende befindlichen Wagenhälfte angeordnet und vom übrigen Fahrgastraum 3. Klasse durch eine Trennwand abgeteilt. Diese Trennwand hatte bei der Bauart 1927/28 eine Drehtür, die bei den folgenden Bauarten zugunsten weiterer Sitzplätze verschlossen wurde. Um den Fahrgästen das Auffinden der 2. Klasse zu erleichtern, wurde der Wagenkasten im Bereich der Fenster blau lackiert (3. Klasse gelb).

Daneben wurden 1929 und 1930 einige Beiwagen geliefert, die nur die 3. Klasse erhielten, aber dennoch wie alle übrigen Wagen durch die Trennwand in zwei Abteile getrennt waren. Diese Wagen verkehrten vorwiegend auf dem Nordring, um den dort wohnenden Arbeitern einen erhöhten Sitzplatzanteil anzubieten, da sich diese die teuere 2.-Klasse-Fahrkarte nicht leisten konnten.

Sitz- und Stehplätze

Die Fahrzeuge der Berliner S-Bahn befördern die Fahrgäste auf Grund der Struktur des Streckennetzes sowohl im Stadt- als auch im Vorortverkehr. Im Stadtverkehr kommt es darauf an, den stoßweise auftretenden Verkehrsspitzen (Berufsverkehr, Anschlußzüge, Veranstaltungen) durch ein hohes Stehplatzangebot zu begegnen. Dagegen waren beim Vorortvekehr wesentlich längere Reisezeiten zu erwarten, woraus sich die Forderung nach erhöhtem Sitzplatzangebot ergab. Für diese sich widersprechenden Bedingungen mußte ein Optimum gefunden werden, weil der Fahrgast von der Verfügbarkeit der Sitzplätze letztlich die Bequemlichkeit in den Fahrzeugen ableitete und bei einem besseren Angebot in anderen Verkehrsmitteln auf diese ausweichen würde.

Die Bauart 1927/28 wurde in der Platzaufteilung analog der Bauart 1925 gestaltet. Im Triebwagen war die Trennwand mit Drehtür zwischen Dienst- bzw. Traglastenabteil und großem Fahrgastraum unmittelbar vor die zweite Seitenwandtür gesetzt. Trennwand und Windfangwände waren bei dieser Bauart um ca. 100 Millimeter vom Türpfosten zurückgesetzt, um einen maximal großen Türraum zu erhalten. Diese Maßnahme ging aber auf Kosten geringerer Abstände in den Sitzabteilen. Im Steuerwagen war die bereits genannte Trennwand mit Drehtür zwischen den Abteilen 2. und 3. Klasse vorhanden.

Öffentliche Kritiken an den Wagen hinsichtlich des angeblich geringen Sitzplatzanteils veranlaßten die Deutsche Reichsbahn Gesellschaft, bei der Bauart 1929 den Anteil der Sitzplätze zu erhöhen. Im Triebwagen wurde die Trennwand verschlossen und ca. 500 mm in Richtung Führerraum versetzt. Dadurch konnten beidseitig der Wand weitere Sitze eingebaut werden. Die Windfangwände wurden unmittelbar an den Türpfosten versetzt und damit ein größerer Abstand der gegenüberliegenden Bänke erreicht. Die Trennwand in den Steuerwagen dieser Bauart war ebenfalls verschlossen und beidseitig mit durchgehenden Sitzbänken versehen (Bauart 1930 wie Bauart 1929 ausgestattet).

Wagenart	**Stehplätze**	**Sitzplätze**	**4 P/m² Anz. %**
Triebwagen 1927/28	100	54	35,1
Steuerwagen 1927/28	90	58	39,2
Triebwagen 1929	90	60	40,0
Steuerwagen 1929	80	61	43,2
Beiwagen 1929 (2./3.Kl.)	85	65	43,2
Stadtbahn-Dampfzug [1])	580	420	42,0
A I – U-Bahn-Triebwagen	52	28	35,0
B I – U-Bahn-Triebwagen	83	31	27,2
C – U-Bahn-Triebwagen	119	43	26,5

[1]) Es ist nicht bekannt, wieviele Wagen hier zugrunde lagen.

Aus vorstehender Tabelle ist durch einen Vergleich der beiden Bauarten 1927/28 und 1929 erkennbar, daß zwar ein höherer Sitzplatzanteil mit den oben genannten Maßnahmen bei letzterer Bauart erreicht wurde, das Gesamtfassungsvermögen als Viertelzug aber auch geringer war als bei den zuvor gebauten Wagen. Aus heutiger Sicht muß daher die Bauart 1929 als ein Kompromiß zu den öffentlichen Kritiken gewertet werden, da mit diesen Wagen die Beförderungskapazität vermindert und die psychologisch ungünstig wirkenden, kleinen abgeteilten Räume ohne Durchgang (Dienstabteil) geschaffen wurden. Diese Trennwände stellten auch bei der Verteilung der Fahrgäste im Wagen ein unliebsames Hindernis dar. Gleiches traf in den Werkstätten zu, da das Wartungs- und Reinigungspersonal zum Umsteigen in das Nachbarabteil den Wagen verlassen mußte.

Nichtraucher- und Raucherabteile

An der bislang geübten Praxis, im Dampfzug der Stadt-, Ring- und Vorortbahnen nach Nichtraucher- und Raucherabteilen zu unterscheiden, sollte bei Einführung des elektrischen Betriebes festgehalten werden. Die anderen öffentlichen Nahverkehrsmittel U-Bahn, Straßenbahn und Omnibus, gestatteten in ihren Fahrzeugen in einigen Abteilen das Rauchen, so daß mit Rücksicht auf die „Wettbewerbsfähigkeit" gleiches für die Stadtbahn-Wagen gelten mußte, obwohl bereits zu jener Zeit einige in- und ausländische Verwaltungen ein Rauchverbot in ihren Verkehrsmitteln ausgesprochen hatten.

Die Triebwagen aller Bauarten waren grundsätzlich als Nichtraucher-, das 3.-Klasse-Abteil der Steuer- und Beiwagen als Raucherabteil ausgestattet. Die 2. Klasse wurde wagenweise als Nichtraucher- oder Raucherabteil hergerichtet. Um in den wenigen Verkehrsbeziehungen, in denen nur ein Viertelzug eingesetzt war, ebenfalls in der 2. Klasse beide Abteile zur Verfügung zu haben, wurde in einigen Steuerwagen die 2. Klasse durch eine zusätzliche Trennwand nochmals unterteilt.

Zugbildung

Für die vielfältigen Verkehrsbedingungen standen demnach folgende Wagentypen zur Verfügung:

Triebwagen	Steuerwagen	Beiwagen
3.Kl-NR	3.Kl-R/2.Kl-NR	3.Kl-R/2.Kl-NR
3.Kl-R/2.Kl-R	3.Kl-R/2.Kl-R	
	3.Kl-R/2.Kl-NR/R	3.Kl-R/3.Kl ?

Kl: Klasse, NR: Nichtraucher, R: Raucher. Bei den Beiwagen, die nur aus 3. Klasse-Abteilen bestanden, ist die Einrichtung des zweiten Abteils als Nichtraucher oder Raucher nicht bekannt.

Aus den vorhandenen Viertelzügen wurden für den betrieblichen Einsatz folgende Zugvarianten zusammengestellt:

Vollzug	ET + ES + ES + ET + ET + ES + ES + ET
Dreiviertelzug	ET + ES + ES + ET + ES + ET
Halbzug	ET + ES + ES + ET
Viertelzug	ET + ES

An Stelle des ES konnte auch ein EB eingestellt werden.

Da die meisten S-Bahn-Benutzer Stammfahrgäste waren, wurde von diesen Fahrgästen eine gewisse Regelmäßigkeit bei der Zugbildung erwartet. So mußten in jedem Halbzug je ein Abteil 2. Klasse Nichtraucher und Raucher und die Großraum-Abteile im Triebwagen an der Spitze, der Mitte bzw. am Schluß des Zuges vorhanden sein. Dies bedeutete, daß in der Regel kein Steuerwagen an der Spitze eines Halb-, Dreiviertel- oder Vollzuges lief.

Für die Zusammenstellung eines Vollzuges durch den Wagenmeister eines S-Bahn-Betriebswerkes türmten sich da ganz erhebliche Probleme auf, wenn durch Wagenausfälle ein Viertelzugtyp nicht verfügbar war oder in der falschen Richtung stand. Hinzu kam, daß die Züge mit erhöhtem Anteil an 3. Klasse-Wagen nur über den Nordring verkehren sollten, um auf den übrigen Strekken die Benutzer der 2. Wagenklasse nicht zu verärgern.

Die Anzahl der Wagen je Zug wurde durch das Zu- oder Wegsetzen von Viertelzügen dem wachsenden Verkehrsaufkommen angepaßt. In den ersten zwei Jahren des elektrischen Betriebes betrug der prozentuale Anteil der Zuglänge je gefahrenen Zugkilometer: Vollzug – 40 Prozent, Dreiviertelzug – 23 Prozent, Halbzug – 36 Prozent, Viertelzug – 1Prozent.

Auf eine Besonderheit in der Zugbildung soll noch hingewiesen werden. Von der Deutschen Reichsbahn Gesellschaft waren einige Reservetriebwagen bestellt worden, die bei Ausfall eines anderen Triebwagens an dessen Stelle mit dem Steuer- oder Beiwagen gekuppelt werden sollten. Von dieser Möglichkeit wurde aber

Ansichten eines Stadtbahn-Wagens: Der originalgetreu wiederhergestellte und fahrfähige Museumszug der Berliner S-Bahn (oben). Darunter: Innenansicht der „Holzklasse" (3. Klasse) und Innenansicht der „Polsterklasse" (2. Klasse). Fotos: Hütter

kaum Gebrauch gemacht. Es erwies sich nämlich bereits im ersten Betriebsjahr als vorteilhaft, den Viertelzug auch im Störungsfall in seiner Zusammenstellung zu belassen, da ein Rangieren einzelner Wagen an der Kurzkupplung zeitaufwendige Kuppelarbeiten erforderte.

Nachdem die Fahrzeuge der Bauarten 1927/28 und 1929 vollständig in Dienst gestellt waren, besaß die Reichsbahn Gesellschaft 23 Reservetriebwagen, für die im Jahre 1929 ebensoviele Beiwagen nachbestellt und die Ende 1930 geliefert wurden.

Da die Reservetriebwagen zwischenzeitlich genutzt werden sollten und das technisch möglich war, wurden jeweils zwei Triebwagen zu einem Viertelzug gekuppelt, die zwischen Dezember 1929 und Dezember 1930 zum Einsatz kamen. Allerdings erreichten diese besonderen Viertelzüge nur ein Drittel der Laufleistung der übrigen. Sie waren entweder auf untergeordneten Strecken im Einsatz oder wurden nur in Notfällen eingesetzt. Einer dieser Triebwagen war wirklich überzählig und wurde ein Jahr lang nicht eingesetzt.

Die DR setzte folgende Triebwagen zu Viertelzügen zusammen:

ET 165 491/501	ET 165 544/559
505/557	560/634
514/558	561/632
516/536	562/633
528/563	630/631
543/548	496 Reserve-ET

Der Einsatz der ersten Stadtbahnwagen

Die Trieb-, Steuer- und Beiwagen der Bauart Stadtbahn wurden von sechs verschiedenen Waggonbaufirmen hergestellt. Diese lieferten die lauffähigen Wagen zum neu errichteten Reichsbahn-Ausbesserungswerk Berlin-Schöneweide (heute Hauptwerkstatt Schöneweide der S-Bahn Berlin GmbH), damit dort die elektrischen Einrichtungen installiert werden konnten. Der erste Wagen traf am 31. Dezember 1927 dort ein.

Nachdem die Vorfertigung der elektrischen Leitungen organisiert und die Handwerker bei der Installation eingearbeitet waren, wurde ein Triebwagen in neun und ein Steuerwagen in sechs Tagen fertiggestellt. Anschließend erfolgte die reichsbahnseitige Abnahme und die Indienststellung des Zuges.

Die ersten Viertelzüge verließen am 25. Mai 1928 das Reichsbahn-Ausbesserungswerk. In den darauffolgenden Tagen begannen die Probefahrten mit den neuen Zügen. Durch den Zulauf weiterer Wagen war dann die Deutsche Reichsbahn Gesellschaft in der Lage, den elektrischen Zugbetrieb zwischen Erkner und Potsdam Anfang Juni aufzunehmen. Zuvor wurde jedoch die Presse zu einer Sonderfahrt am 9. Juni 1928 mit einem der neuen Züge eingeladen. Diese Fahrt begann um 10.50 Uhr in Erkner mit einem Dreiviertel-Zug. Die Journalisten wurden mit den Neuerungen des elektrischen Betriebes und mit den Fahrzeugen vertraut gemacht, damit durch entsprechende Presseveröffentlichungen die Leser ebenfalls informiert werden konnten. Noch in den Spätausgaben des gleichen Tages erschienen die ersten Berichte, daß ab Montag, dem 11. Juni 1928, die ersten fünf elektrischen Züge zwischen den Dampfzügen auf der Strecke Erkner–Potsdam eingesetzt werden. Damit begann sowohl im Stadt, als auch im Vorortverkehr Berlins eine neue Epoche in der Personenbeförderung.

Die Betriebseröffnung stand im Blickpunkt des Interesses, denn von einem geglückten Anlauf hing wesentlich der Fortgang der weiteren Arbeiten ab. Wenn zwar auch in jenen Tagen vieles publiziert wurde und auch vom Einsatz von fünf Wagenzügen die Rede war, erwähnte man jedoch nur, daß diese ersten Züge aus sechs Wagen bestanden. Da die gleiche Quelle aber den 6-Wagen-Zug als Vollzug bezeichnete, muß an der Richtigkeit des Einsatzes von 6-Wagen-Zügen gezweifelt werden. Ein Vergleich über das Platzangebot zwischen dem alten Dampfzug (1000) und einem Dreiviertel-Zug (906) bzw. Vollzug (1208) läßt beide Varianten als wahrscheinlich gelten. Stellt man in Rechnung, daß ein natürliches Risiko bei der Aufnahme des elektrischen Betriebes bestand und der Vollzug größere Reserven im Platzangebot hatte, so könnte es sich bei den ersten elektrischen Stadtbahnzügen um 8-Wagen-Züge gehandelt haben. In diesem Fall waren 20 Viertelzüge erforderlich. Durch die Reichsbahn-Abnahme waren bis zum Tag der Betriebseröffnung aber bereits 35 Viertelzüge abgenommen, so daß immerhin drei Vollzüge in Reserve gestanden haben dürften.

Folgende Viertelzüge standen am 11. Juni 1928 zur Verfügung:

ET/ES 165 041/044	ET/ES 165 175/178
047/048	180/182
050/054	186
055/057	320/323
059	325
063/064	326/082 [1]
162/166	327
171/173	496 Reserve-ET

[1] ursprüngliche Viertelzugbildung

»Ein starkes Team«: 41 »Geburtshelfer« aus dem Konstruktionsbüro »Stadtbahnwagen« stellen sich im Jahre 1927 in Berlin dem Fotografen. Diese Ansichtskarte wurde erst 13 Jahre später, am 29. November 1940, von Ballenstedt nach Bautzen gesandt. Foto: Sammlung Gottwaldt

Fahrzeuglieferungen der Bauart „Stadtbahn"

(ET = elektrischer Triebwagen, ES = elektrischer Steuerwagen, EB = elektrischer Beiwagen)

Bauart 1927/1928

ET und ES: Trennwand mit Durchgangstür; vom Türpfosten versetzte Windfang-Wand

404 Triebwagen mit je 54 Sitz- und 100 Stehplätzen
Wagennummern ET 165 001–003, ET 165 037–427, ET 165 466–475.
DR-Abnahme zwischen 25. Mai 1928 und 13. Juni 1929
(Wagen 466 wegen Unfall erst am 15. August 1929).

376 Steuerwagen mit je 58 Sitz- und 90 Stehplätzen
Wagennummern ES 165 037–290, ES 165 293–302, ES 165 305–312, ES 165 314 - 316, ES 165 320 - 397,
ES 165 400, ES 165 402–407, ES 165 409, ES 165 414–427, ES 165 439.
DR-Abnahme zwischen 25. Mai 1928 und 4. April 1929.

Bauart 1929

ET, ES und EB: Trennwand ohne Durchgangstür; Windfang-Wände am Türpfosten

159 Triebwagen mit je 60 Sitz- und 90 Stehplätzen
Wagennummern ET 165 004–036, ET 165 428–465, ET 165 476–563.
DR-Abnahme zwischen 28. März 1929 und 25. Januar 1930
(LM-Wagen 428 bis 431 später).

53 Steuerwagen (2./3. Klasse) mit je 61 Sitz- und 80 Stehplätzen
Wagennummern ES 165 291–292, ES 165 303–304, ES 165 313, ES 165 317–319, ES 165 398–399,
ES 165 401, ES 165 408, ES 165 410–413, ES 165 428–438, ES 165 440–465.
DR-Abnahme zwischen 15. März 1929 und 7. Mai 1929
(LM-Wagen 428 bis 431 später).

36 Steuerwagen (2./3. Klasse) mit je 63 Sitz- und 70 Stehplätzen
Wagennummern ES 165 001–036. DR-Abnahme zwischen 4. April 1929 und 23. August 1929.

60 Beiwagen (2./3. Klasse) mit je 65 Sitz- und 85 Stehplätzen
Wagennummern EB 165 467–471, EB 165 473, EB 165 475–479, EB 165 481–483, EB 165 487–490,
EB 165 492–495, EB 165 497, EB 165 499, EB 165 502, EB 165 506–512, EB 165 515, EB 165 518–522,
EB 165 525–527, EB 165 529–535, EB 165 537–540, EB 165 542, EB 165 545, EB 165 547, EB 165 551,
EB 165 553–556.
DR-Abnahme zwischen 3. Mai 1929 und 20. Juli 1929.

20 Beiwagen (3. Klasse) mit je 67 Sitz- und 85 Stehplätzen
Wagennummern EB 165 466, EB 165 472, EB 165 474, EB 165 480, EB 165 484–486, EB 165 498, EB 165 500,
EB 165 503–504, EB 165 513, EB 165 517, EB 165 523–524, EB 165 541, EB 165 546, EB 165 549–550, EB 165 552.
DR-Abnahme zwischen 8. Mai 1929 und 15. August 1929.

Bauart 1930

ET und EB: wie Bauart 1929, elektrisch im Detail verbessert

75 Triebwagen mit je 60 Sitz- und 90 Stehplätzen
Wagennummern ET 165 564–638.
DR-Abnahme zwischen 7. Oktober 1930 und 2. April 1931 (Wagen 629 später).

57 Beiwagen (2./3. Klasse) mit je 65 Sitz- und 85 Stehplätzen
Wagennummern EB 165 564–601, EB 165 606, EB 165 608–609, EB 165 611–616, EB 165 618, EB 165 621–629.
DR-Abnahme zwischen 7. Oktober 1930 und 17. März 1931 (Wagen 629 später).

36 Beiwagen (3. Klasse) mit je 67 Sitz- und 85 Stehplätzen
Wagennummern EB 165 491, EB 165 496, EB 165 501, EB 165 505, EB 165 514, EB 165 516, EB 165 528,
EB 165 536, EB 165 543–544, EB 165 548, EB 165 557–563, EB 165 602–605, EB 165 607, EB 165 610, EB 165 617,
EB 165 619–620, EB 165 630–638.
DR-Abnahme zwischen 18. Oktober 1930 und 2. April 1931.

Anmerkung:
1276 Trieb-, Steuer- und Beiwagen insgesamt.

Signalverbindungen
Das Signalsystem der Stadtbahn von 1928

Von Bernd Kuhlmann (vb 1978, Seite 50 bis 57)

Die betriebliche Situation auf der Stadtbahn vor der Elektrifizierung

Allein die Elektrifizierung der Stadtbahn hätte nicht die gewünschte Leistungsfähigkeit gebracht, denn die damals vorhandenen Sicherungsanlagen gestatteten nur 24 Züge pro Stunde und Richtung, in Ausnahmefällen 26 Züge. Die theoretische Leistungsfähigkeit lag bei 30 Zügen (also Zwei-Minuten-Abstand), konnte aber praktisch nicht genutzt werden. Mit solchen Voraussetzungen wären die Vorteile des elektrischen Betriebes durch eine größere Anfahrbeschleunigung, verbunden mit höherer Reisegeschwindigkeit und kürzerer Reisezeit, nicht erreicht worden.

Lichtsignal der selbsttätigen Signalanlagen Bauart 1925 zwischen Potsdamer Ringbahnhof und Lichterfelde Ost. Dieses Einfahrsignal des Bahnhofs Yorckstraße besitzt bereits den Streckenanschlag der mechanischen Fahrsperre und das später sogenannte Ad-Signal (Ersatzsignal). Foto: Sammlung Jacob

1899 verkürzte man die Blockabschnitte auf der Stadtbahn so, daß die Züge im Fünf-Minuten-Abstand fahren konnten (zwölf Züge pro Stunde und Richtung). Mit der fortschreitenden Verkehrszunahme genügte dieser Fahrabstand bald nicht mehr: Deshalb mußten bereits 1892 auf der Stadtbahn weitere Blockstellen eingerichtet werden, um einen Drei-Minuten-Abstand (20 Züge pro Stunde und Richtung) fahren zu können. 1896 stellte man vor den Bahnsteigen ein weiteres (Einfahr-) Signal auf und erhöhte damit die Zahl der Blockabschnitte. Während ein Zug am Bahnsteig hielt, konnte der zurückliegende Abschnitt bereits freigegeben werden und ein weiterer Zug folgen. Damit erzielte man die eingangs genannte Leistungsfähigkeit.

Wahrscheinlich seit dieser Zeit werden auch die Haltepunkte im Bereich der Stadt-, Ring- und Vorortbahnen bzw. der elektrischen S-Bahn betrieblich als Bahnhöfe bezeichnet, weil sie Einfahrsignale vor und Ausfahrsignale hinter den Bahnsteigen besitzen, obwohl Bahnhöfe nach der gültigen Eisenbahn-Bau- und Betriebsordnung (EBO) „als Bahnanlagen mit mindestens einer Weiche" definiert werden, „auf denen Züge beginnen, enden, ausweichen oder mit Gleiswechsel (Spitzkehre) wenden dürfen".

Diese durch die Signal- und Blockanlagen bedingte Situation war maßgebend für den Betrieb auf der Stadtbahn. Ein Bildfahrplan aus dem Jahr 1908 verdeutlicht den dichten Betrieb von 24 Zügen pro Stunde und Richtung. Deshalb war nicht nur die Elektrifizierung nötig, sondern gleichzeitig waren neue Signal- und Blockanlagen unumgänglich.

Die Wirkungsweise des Signalsystems und sein Einfluß auf die Leistungsfähigkeit

Untersuchungen hatten ergeben, daß mit handbedienten Block- und Signalanlagen keine Zugfolgezeit von 90 Sekunden (40 Züge pro Stunde und Richtung) zu realisieren war, auch nicht mit dem Aufstellen zusätzlicher Signale zwischen Einfahrsignal und Bahnsteiganfang (sogenannte Nachrücksignale). Diese Erkenntnis war Anlaß, nach neuen Wegen der Zugsicherung zu suchen.

Gute Erfahrungen mit Gleisstromkreisen gab es in Deutschland bereits: Seit 1. bzw. 27.Juli 1913 bestanden auf der U-Bahn-Linie A in Berlin (heute U 2) zwischen Spittelmarkt und Nordring (heute Schönhauser Allee) zugbediente Signalanlagen. Seit 1915 nutzte man Gleisstromkreise zum Anzeigen von besetzten Gleisen auf dem Leipziger Hauptbahnhof. Die Deutsche Reichsbahn Gesellschaft entschloß sich deshalb, auf dieser Basis arbeitende, vom Zug gesteuerte Signalanlagen zu entwickeln.

Eine als Bauart 1925 bezeichnete Versuchsbauart für den Berliner Vorortverkehr hatte man bereits 1925 entwickelt und 1927 auf der Strecke Potsdamer Ringbahnhof – Lichterfelde Ost installiert. Die Züge steuerten über Gleisstromkreise diese selbsttätigen Signalanlagen, die außer Lichtsignalen auch selbsttätige Formsignale besaßen. Später wurden sie von Lichtsignalen abgelöst. An diesen erschienen an einem Signalschirm die damaligen Nachtzeichen des Haupt- und Vorsignals gleichzeitig und wiesen damit eine Vielzahl von wahrzunehmenden Lichtpunkten auf.

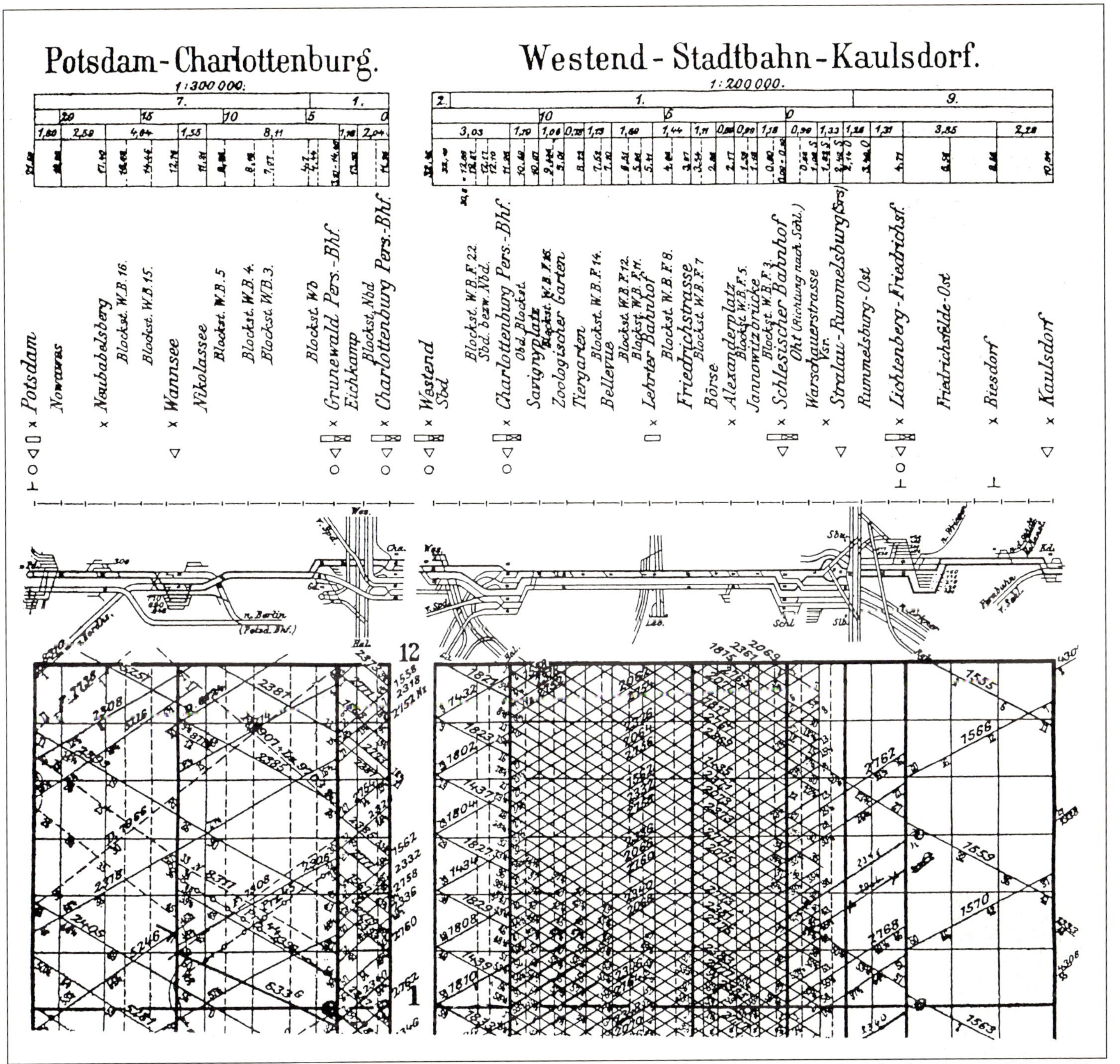

Ausschnitt aus einem ab 1. Mai 1908 für den Dampfbetrieb gültigen Bildfahrplan für den Sonntagsverkehr auf der Strecke von Potsdam über die Stadtbahn nach Kaulsdorf ab 12 Uhr mittags. Sammlung Kuhlmann

Technisches Prinzip der Gleisstromkreise ist, die Gleise und Weichen mit Isolierstößen in einzelne Abschnitte zu unterteilen. Beide Fahrschienen eines solchen Gleisabschnittes sind gegeneinander isoliert. Am Ende eines Abschnitts (in Fahrtrichtung gesehen) wird über einen Speisetransformator 220 Volt Wechselstrom 50 Hertz auf 14 Volt abgespannt und in beide Fahrschienen eingespeist. Am Anfang des Abschnitts wird die Spannung über einen weiteren Transformator entnommen und dem Gleis-Motorrelais (Blockschalter) zugeführt. Bei freiem Gleis fließt der Strom über die Fahrschienen als elektrische Leiter zum Gleis-Motorrelais, das sich dadurch dreht und Kontakte schließt. Bei besetztem Abschnitt überbrücken die Fahrzeugachsen den Stromkreis, so daß das Gleis-Motorrelais stromlos und von einer mechanischen Rückstellkraft zurückgedreht wird. Diese vom Zug gesteuerten Vorgänge nutzt man zum automatisierten Stellen der Signale.

Auf elektrisch betriebenen Strecken dienen die Schienen gleichzeitig als Rückleiter für den Fahrstrom, der die Isolierstöße überbrücken muß. An den Isolierstößen werden jeweils sogenannte Drosselstoß-Transformatoren eingebaut. Der Isolierstoß wird deshalb auf elektrifizierten Strecken auch als Drosselstoß bezeichnet. Diese bestehen aus zwei Wicklungen, die zwar den Gleichstrom (Fahrstrom) ungehindert weiterleiten, aber den Durchgang des Wechselstromes (Gleisstrom) zum nächsten Abschnitt verhindern.

Die Strecke ist in Blockabschnitte mit den zugehörigen Gleisstromkreisen eingeteilt. Das Blocksignal steht wegen der durch die Fahrsperre evtl. ausgelösten Zwangsbremsung um Bremsweglänge vor dem nächsten Gleisstromkreis. Dieser Abstand beträgt je nach zugelassener Streckengeschwindigkeit 150 Meter (bei 50 km/h) bis 330 m (70 km/h). Würde ein Halbzug ein Halt zeigendes Signal überfahren, würde er mit seinen 70 Meter den neuen Gleistromkreis nicht erreichen, das Signal hinter ihm zeigt dann trotzdem noch Fahrt. Um Unstimmigkeiten beim Vorrücken auf Sicht zu vermeiden, ist kurz hinter dem Signal einen Schienenkontakt angeordnet, bei dessen Überfahren das Signal sofort auf Halt

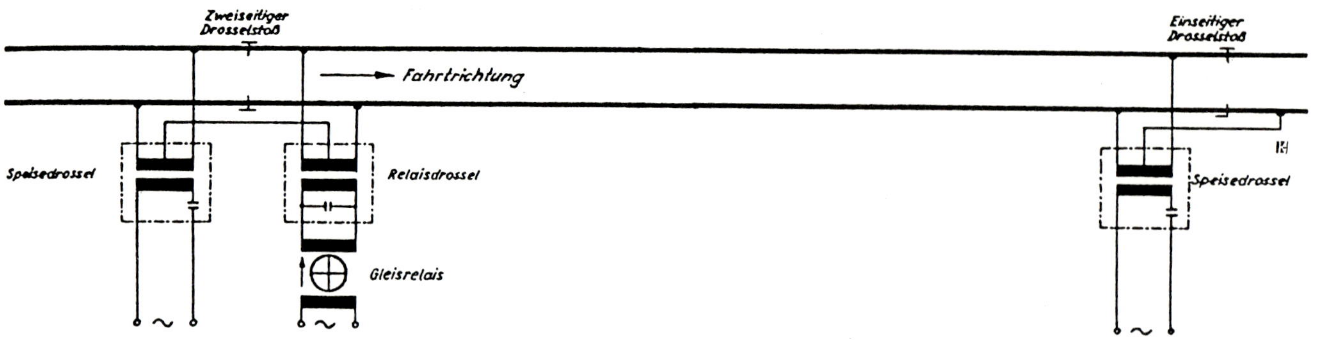

Prinzipschaltung eines Gleis-Stromkreises für elektrifizierte Strecken.
Zeichnung: Kuhlmann

gestellt wird. Dieser sogenannte Löschkontakt ist erst nachträglich eingebaut und später durch Unterteilen des vorhandenen Gleisstromkreises in zwei neue ersetzt worden. Hat der Zug den Gleisstromkreis wieder verlassen, zeigt das Blocksignal erneut einen Fahrtbegriff. Dieser Vorgang wiederholt sich von Abschnitt zu Abschnitt. Damit wird auch deutlich, daß die selbsttätigen Signalanlagen in Grundstellung statt Halt Fahrt zeigen, was für die damalige Zeit völlig neu war. Heute vergleicht man bei elektronischen Stellwerken mit Zentralblock in einem Gleisabschnitt über Schienenkontakte die ein- und ausfahrenden Achsen in einem Zählwerk miteinander; bei „Null" Achsen ist das Gleis frei. Eine teure Gleisisolierung ist also nicht mehr erforderlich.

Diese Signalanlagen arbeiten völlig selbsttätig, auch an Haltepunkten. Auf Bahnhöfen mit Weichenverbindungen müssen Signale und Weichen voneinander abhängig sein, daß heißt, das Signal darf erst einen Fahrtbegriff zeigen, wenn die zugehörigen Weichen sich in der richtigen Stellung befinden. Dies garantiert die Sicherungstechnik, im Störungsfall muß der Fahrdienstleiter bzw. der Stellwerkswärter dafür sorgen. Auf Bahnhöfen ordnete man vor Weichen halbselbsttätige Signale an, die in der Grundstellung Halt zeigten. Sie wurden von Hand auf Fahrt und durch den fahrenden Zug auf Halt gestellt. Später wurden in den betreffenden Stellwerken sogenannte Umleithebel (heute Durchleithebel) eingebaut. Durch sie können die halbselbsttätigen Signale auf vollselbsttätigen Betrieb umgeschaltet werden, wenn zum Beispiel in verkehrsschwachen Zeiten ständig nur ein bestimmter Fahrweg benutzt wird. Halbselbsttätige Signale verwendete man zum Beispiel für die Ein- und Ausfahrten von und nach der Stadtbahn im Schlesischen Bahnhof (heute Berlin Ostbahnhof) und in Berlin-Charlottenburg. Bei Inbetriebnahme der selbsttätigen Signalanlagen waren das für die Einfahrten noch Flügelsignale (heutige Bezeichnung Formsignale).

Diese selbsttätige Zugsicherung fordert prinzipiell keine Lichtsignale. Trotzdem baute man sie ein, weil sie keine beweglichen Teile und Antriebe besitzen, die Wind und Wetter ausgesetzt sind und infolge der starken Belastung hohem Verschleiß unterliegen, weil am Tag und in der Nacht das gleiche Signalbild erscheint, das nahezu unabhängig von den Hintergrund- und Tageslicht-Verhältnissen erkannt werden kann. Der größte Vorteil dieser damals als Licht-Tagsignale bezeichneten Signale war, daß an einem Signalschirm Hauptsignal (links) und Vorsignal für das folgende Hauptsignal (rechts) vereinigt sind. Dem Triebwagenführer wird damit der Belegungszustand der beiden vorgelegenen Blockabschnitte angezeigt, der deshalb eine angemessene Fahrweise wählen kann.

Diese selbsttätigen Signalanlagen vereinigten Haupt- und Vorsignale in einem Signalschirm. Ab 1935 bezeichnete man sie als Signalverbindungen (Sv-Signale). Auf der Stadtbahn wurden sie abschnittsweise in Betrieb genommen, und zwar:

15. März 1928 Bln-Charlottenburg – Bln Zoologischer Garten,
19. März 1928 Berlin Zoologischer Garten – Bellevue,
23. März 1928 Bellevue – Berlin Friedrichstraße,
27. März 1928 Berlin Friedrichstraße – Alexanderplatz,
31. März 1928 Alexanderplatz – Berlin Schlesischer Bahnhof.

1929 baute man sie dann auf den neuen elektrischen S-Bahn-Strecken Jungfernheide – Berlin-Gartenfeld und 1931 zwischen Schlesischem Bahnhof (heute Ostbahnhof) und Stralau-Rummelsburg (heute Ostkreuz) sowie zwischen Stettiner Vorortbahnhof (heute Nordbahnhof) und Gesundbrunnen ein.

Damit ein Zug bei planmäßiger Fahrt ohne zu bremsen rechtzeitig vor einem Signal einen Fahrtbegriff erhält, sind die Standorte der Signale für die geforderten Zugfolgezeiten mit Hilfe von Fahrschaulinien (Zeit-Weg-Diagramm) ermittelt worden. Als erforderliche Zugfolgezeit sind für die Stadt- und Ringbahn mit ihren Verbindungsgleisen sowie für die Strecken Treptower Park – Berlin-Schöneweide, Westkreuz – Berlin-Grunewald, Westkreuz – Spandau West (heute Berlin-Spandau) und Gesundbrunnen – Bornholmer Straße 90 Sekunden festgelegt worden. Bei dieser kurzen Zugfolge ist es schwierig, die Züge zeitgerecht durch den Bahnhof zu bringen, ohne den folgenden Zug zum Halten zu zwingen. Deshalb stellte man zwischen dem Einfahrsignal und dem Bahnsteiganfang ein bis zwei weitere Signale auf, sogenannte Nachrücksignale. Während früher ein folgender Zug am Einfahrsignal warten mußte, bis der vorausfahrende Zug das Bahnsteiggleis vollständig geräumt hat, kann er bei Nachrücksignalen bereits folgen (nachrücken), wenn der vorausfahrende Zug das Bahnsteiggleis etwa zur Hälfte geräumt hat. Dabei tritt keine Gefährdung ein, weil der ausfahrende Zug vom Nachrücksignal gedeckt (geschützt) wird. Die Leistungsfähigkeit von 40 Zügen pro Stunde und Richtung ist – von Ausnahmen bei Sonderverkehren abgesehen – nur theoretisch möglich. Praktisch konnte man mit dem neuen Signalsystem nicht mehr als 36 Züge pro Stunde und Richtung durchführen, weil die übrige Zeit als Reserve zum Ausgleich von geringfügigen, im Betrieb üblichen Verspätungen benötigt wird. Trotzdem waren das zehn Züge mehr als beim früher üblichen Dampfbetrieb!

Die Signale des Signalsystems (auch als Bauart 1928, nach dem ersten Einsatzort als Bauart Stadtbahn oder AB 28 bezeichnet) besaßen je zwei in drei Reihen übereinander angeordnete Signallaternen. In einer Reihe waren zwei angeschaltet, um alle damaligen Signalbegriffe zeigen zu können. Bei halbselbsttätigen Signalen befand sich darunter in der Mitte eine einzelne Laterne, die rotes Licht zeigen konnte. Äußeres Kennzeichen dieser Signale waren die bauchigen (asphärischen) Vollglas-Linsen, die die fest eingebaute Farbscheibe abdeckte.

Die Schaltung der nunmehr als Signalverbindungen bezeichneten Signale ist mehrfach verbessert worden. Die Bauart 1938 (nach ihrem ersten Einsatzort auch als Bauart Ringbahn, später als AB 38 bezeichnet) stellte etwa die 40. Entwicklungsstufe seit der Versuchsbauart 1925 dar. Die damals neuesten Signale waren Lichttages-Relaissignale, weil sie nicht mehr sechs mit festen Farbscheiben versehene Signallaternen besaßen, sondern nur noch zwei, von denen jede eine bewegliche Blende mit zwei Farbscheiben hat, die von einem Blendenrelais gesteuert

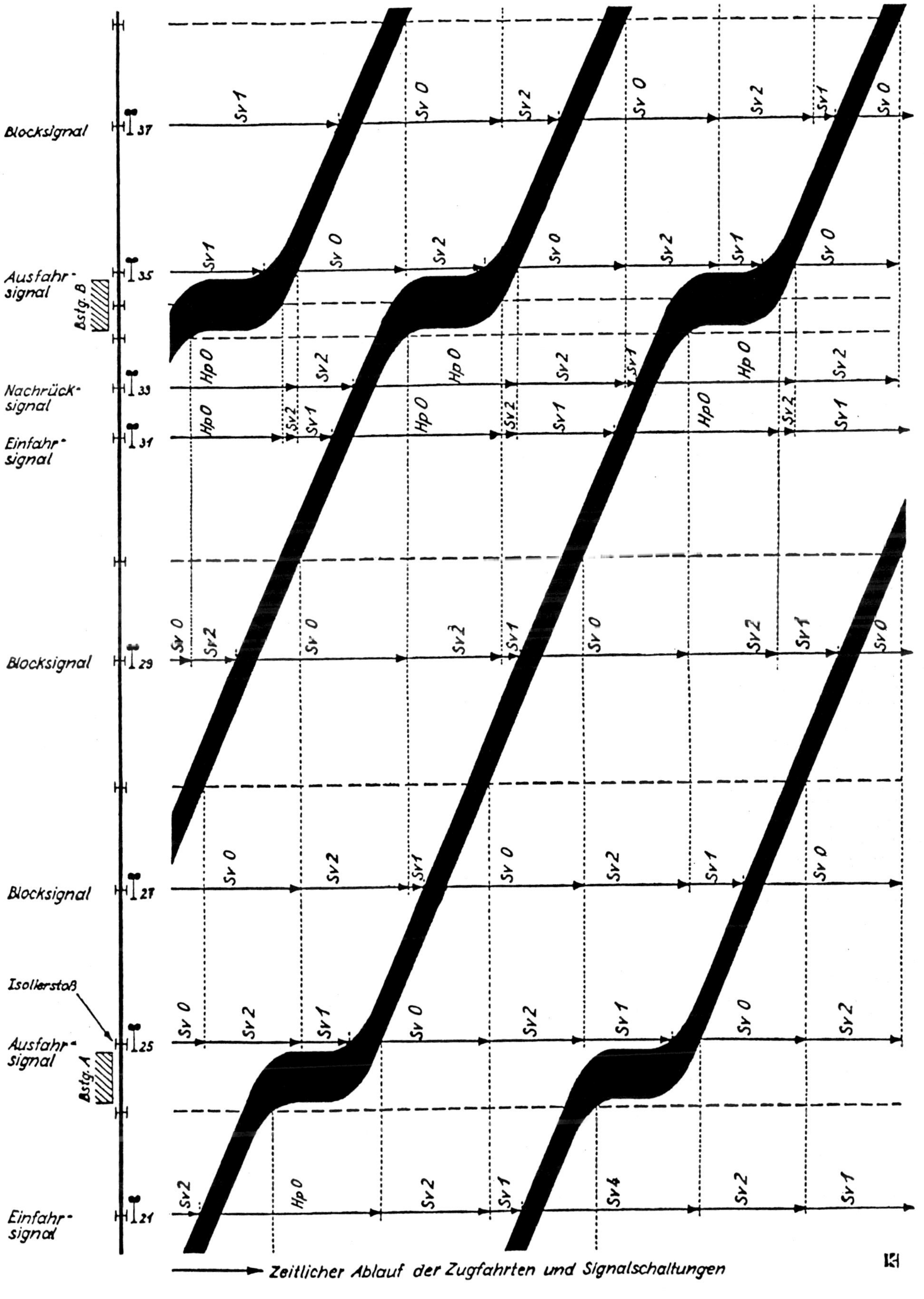

Die Wirkungsweise der Sv-Signale im zeitlichen Ablauf der Zugfahrten.
Die an den Pfeilen angegeben Signalbilder entsprechen dem heute gültigen Signalbuch der DB AG. Zeichnung: Kuhlmann

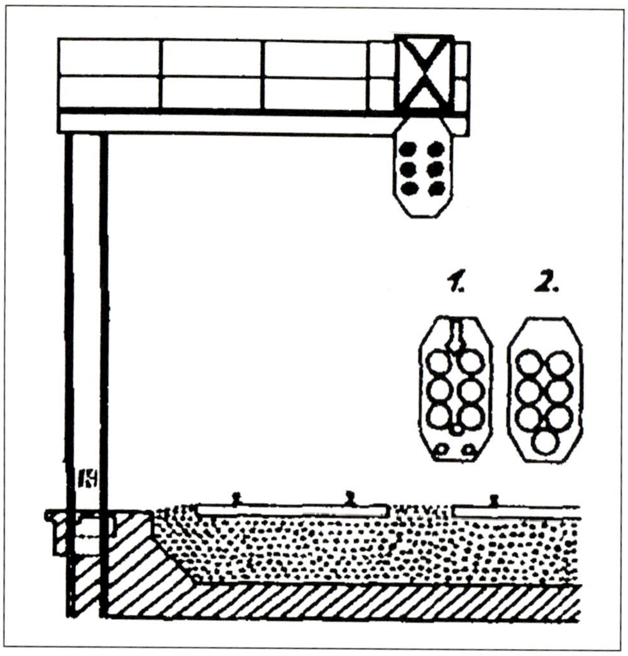

Links: In der Regel wurden die neuen Signale an Signalbrücken angebracht; das Bild zeigt ein Blocksignal. Vor Bahnhöfen wurden die beiden unteren Signalschirme verwendet: 1. Nachrücksignal mit Bremspfeil und Ad-Signal; 2. Einfahrsignal mit Zusatzrot (untere Laterne) vor Notkehren.
Rechts: Sv-Signal der Bauart Stadtbahn vor der Einfahrt des S-Bahnhofs Tiergarten mit Pfeilmerkzeichen (Bremspfeil), Vorsignaltafel, Ad-Signal (Ersatzsignal) und Streckenanschlag. Zeichnung: Kuhlmann, Foto: Sammlung Jacob

Sv-Signale der Bauart Ringbahn (mit Blendensignallaternen) aus Richtung Berlin-Grunewald/Spandau vor dem Bahnhof Ausstellung, heute S-Bahnhof Westkreuz, um 1930. Foto: Sammlung Jacob

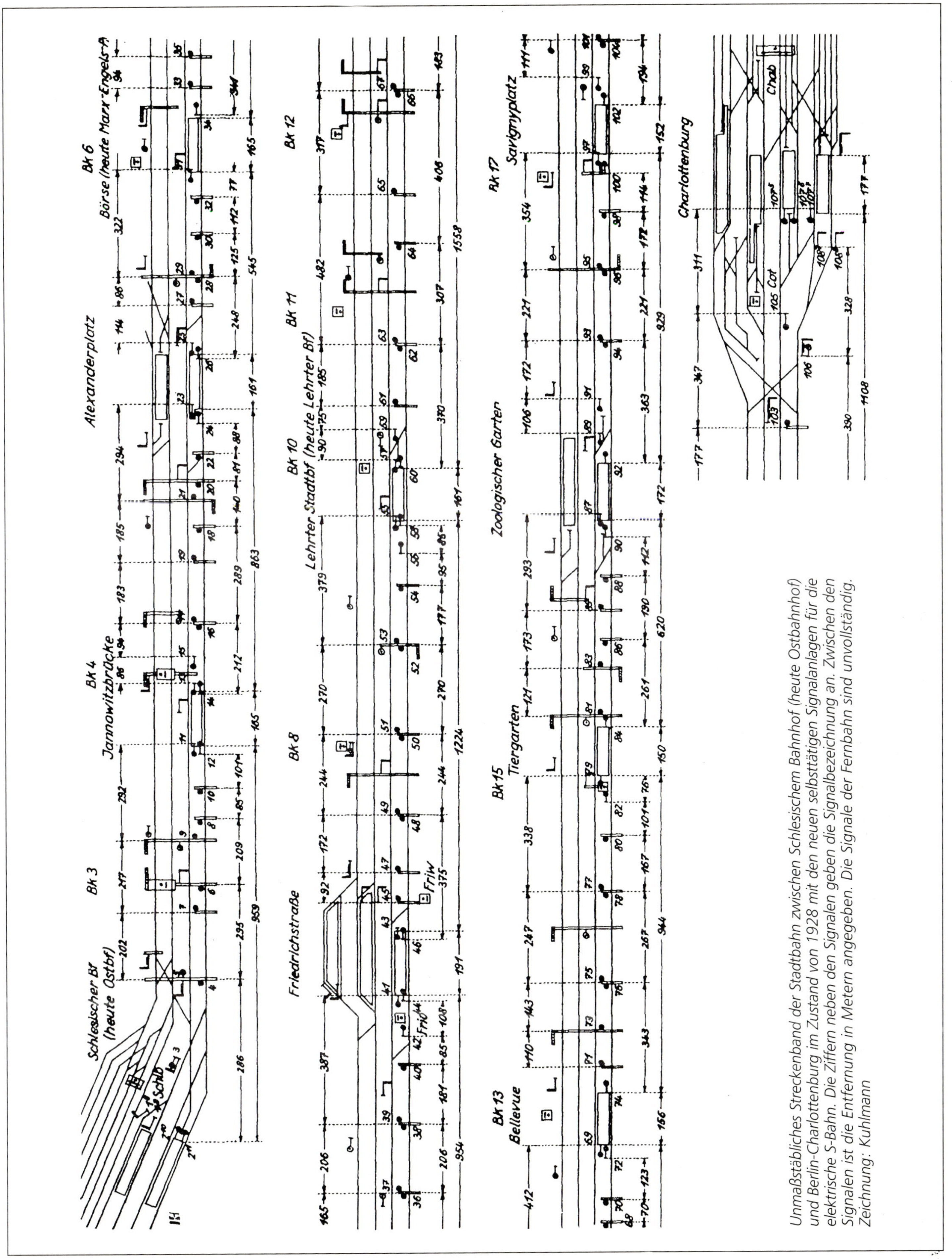

Unmaßstäbliches Streckenband der Stadtbahn zwischen Schlesischem Bahnhof (heute Ostbahnhof) und Berlin-Charlottenburg im Zustand von 1928 mit den neuen selbsttätigen Signalanlagen für die elektrische S-Bahn. Die Ziffern neben den Signalen geben die Signalbezeichnung an. Zwischen den Signalen ist die Entfernung in Metern angegeben. Die Signale der Fernbahn sind unvollständig. Zeichnung: Kuhlmann

Die mechanische Zugbeeinflussung bei der Berliner S-Bahn mit Streckenanschlag und Fahrsperre. Foto: Kuhlmann, aus: Peenemünde. Das Raketenzentrum und seine Werkbahn, GVE 1997.

Die Signalbilder der Berliner S-Bahn (Sv-Signale) und deren Bedeutung. Aus: 70 Jahre elektrisch, Zur Entwicklung der Berliner S-Bahn, GVE 1994

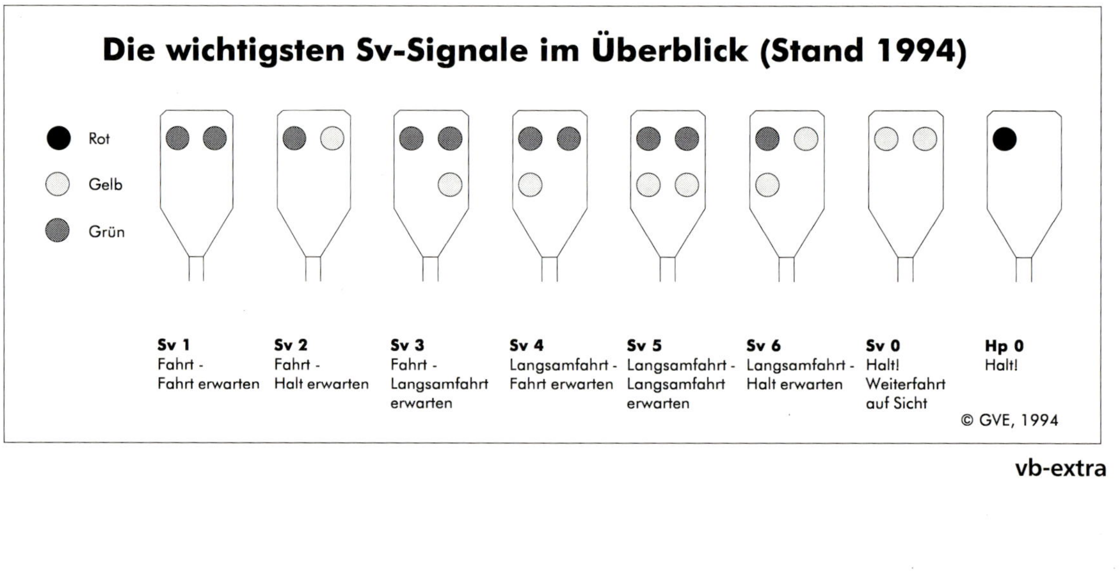

wird (Blenden-Signallaterne). Damit war es nicht nur möglich, mit einer Signallaterne zwei unterschiedliche Farben zu zeigen, sondern die Signalschirme konnten kleiner gehalten werden. Und das war gerade für den beschränkten Lichtraum im Nord-Süd-S-Bahn-Tunnel nötig. Für die Geschwindigkeits-Signalisierung (erst ab 18. Dezember 1929 auf der Strecke Jungfernheide – Berlin-Gartenfeld eingeführt) konnten unter den beiden Blendensignallaternen bis zu zwei Einzel- oder Blendensignallaternen angeordnet werden.

Im Oktober 1942 gestatteten die Eisenbahnabteilungen im Reichsverkehrsministerium (RVM) der Reichsbahndirektion (Rbd) Berlin, daß nur noch die Nachrücksignale ein rotes Licht zeigen müssen und mit Ersatzsignal auszurüsten sind, die 40 Meter oder weniger vor Bahnsteigen stehen. Als Ersatzsignal sah man jetzt das zeitweilige Umschalten (mit Zählwerk) von Sv 4 (ein rotes Licht) auf Sv 3 (zwei gelbe Lichter nebeneinander) vor. Die Fahrwege mußten vorher im Stellwerk mechanisch gesichert sein. Zugleich ließ man die beiden gelben Lichter als Haltsignal bei eingeschaltetem Durchleitbetrieb in Bahnhöfen zu. In welchem Umfang die Signale wegen des Krieges noch umgerüstet wurden, ist nicht bekannt. Diese neue Form des Ersatzsignals fand sich später in Gesundbrunnen, Berlin Zoologischer Garten, Abzweig Abm und vorübergehend auch in Papestraße.

Nach dem Krieg bestand ein großer Bedarf an selbsttätigen Signalanlagen, weil viele Blockschränke und Signale beschädigt oder gar zerstört waren. Um Ersatzteile zu gewinnen, mußten besonders Nachrück- und andere entbehrliche Signale abgebaut werden. In einzelnen Fällen wurde deshalb die zulässige Länge von 1800 Meter für einen Gleisstromkreis überschritten (zum Beispiel zwischen Betriebsbahnhof Rummelsburg und Berlin-Karlshorst 1672 Meter, in der Gegenrichtung aber 1900 Meter).

Um Patente und Lizenzen der ehemaligen Vereinigten Eisenbahn-Signalwerke (VES) zu umgehen, entwickelte der VEB Werk für Signal- und Sicherungsanlagen Berlin (WSSB) im Jahre 1955 Signalverbindungen neuerer Bauart. Diese waren im wesentlichen ein Nachbau mit neuen in den Gleisbildstellwerken der Bauform GS I DR verwendeten Relais. Als Ersatzsignal verwendete man hier grundsätzlich nicht mehr drei weiße Lichter in Form eines A (damals Signal Zs 1, heute Zs 101), sondern schaltete statt des Signals Sv 4 (ein rotes Licht, heute Hp 0) für rund 60 Sekunden Signal Sv 3 an (später Sv 103, heute Sv 0, zwei gelbe Lichter nebeneinander). Neu war ebenfalls, daß der Streckenanschlag nach Vorbeifahrt des Zuges verzögert in die Sperrlage gelangte, um ein Anschlagen des Auslösehebels der in Zugmitte laufenden Triebwagen zu vermeiden. Erkennbar waren diese Signalverbindungen an ihren Betonmasten, an denen die Signalschirme befestigt waren. Diese Bauart installierte man 1955 zwischen Ostkreuz und Berlin-Lichtenberg. Beabsichtigt war ferner, den Abschnitt Berlin Friedrichstraße – Ostkreuz damit auszurüsten. Das im Signalbuch (SB) genannte Bremslicht statt des üblichen Bremspfeils ist nicht realisiert worden, weil es keine Nachrücksignale gab.

§ 6.

Das Ad-Signal.

(1) Das Ad-Signal ist ein bildlicher Ersatz für den schriftlichen Befehl A, Fall d: Zug Nr. .... darf vorbeifahren am „Halt" zeigenden .... Signal ....

(2) Das Ad-Signal wird als Lichtsignal gegeben. Es besteht aus 3 weißen Lichtern in den Ecken eines A, ⁰₀₀ und erscheint an den rot geblendeten Einfahrsignalen der Stationen, dicht unter dem roten Licht.

Es wird vom Aufsichtsbeamten für jeden Zug besonders angeschaltet, wenn das Haltsignal überfahren werden soll.

Nach Vorbeifahrt des Zuges am Signal verschwindet es wieder.

§ 7.

Das Pfeilmerkzeichen.

(1) Vor den Stationen verringert sich der Abstand zwischen den Signalen so stark, daß zwischen zwei Signalen kein Bremsweg für volle Fahrgeschwindigkeit mehr vorhanden ist (vgl. Abb. 3).

Der Triebwagenführer muß deshalb unter Umständen schon eine gewisse Strecke v o r einem grün + gelb zeigenden Signal mit der Bremsung beginnen, um vor dem nächsten, Halt zeigenden Signal zum Stehen zu kommen.

— 9 —

(2) Alle Signale, hinter denen kein voller Bremsweg bis zum nächsten Signal vorhanden ist, tragen deshalb zur Kennzeichnung am Kopfe des Signalkörpers einen weißen Pfeil — in der Form ähnlich wie der bei den Weichenlaternen (Abb. 1). Dieser Pfeil leuchtet auf, wo der Triebwagenführer an die rechtzeitige Bremsung besonders erinnert werden soll. § 7 Abb. 1 Signalbilder

Zeigen alle Signale freie Fahrt, so ist das Pfeilmerkzeichen nicht erleuchtet.

§ 8.

Fahrgeschwindigkeit.

(1) Die Grundgeschwindigkeit auf der Stadtbahn ist zu 50 km in der Stunde festgesetzt worden.

Beschreibung des Ad-Signals (Ersatzsignal) und des Pfeilmerkzeichens (Bremspfeil). Aus: „Vorläufige Sondervorschriften" Januar 1928. Sammlung Kuhlmann

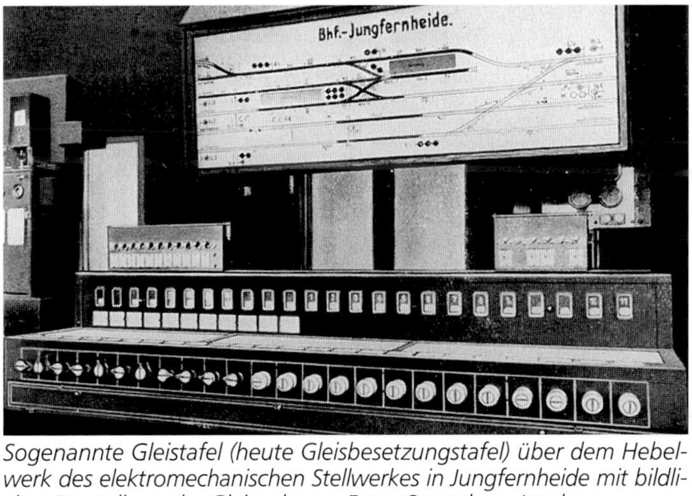

Sogenannte Gleistafel (heute Gleisbesetzungstafel) über dem Hebelwerk des elektromechanischen Stellwerkes in Jungfernheide mit bildlicher Darstellung der Gleisanlagen. Foto: Sammlung Jacob

Zusatzeinrichtungen des Signalsystems

Die speziell für den Schnellbahnbetrieb entwickelten Sicherungsanlagen besitzen einige Besonderheiten.

Einfahr- und Nachrücksignale vor Bahnsteigen zeigen in Grundstellung Fahrt. In Gefahrenfällen, zum Beispiel wenn Personen in das Gleis gefallen sind, müssen diese Signale auf Halt geschaltet werden. Dafür sind an mehreren Stellen des Bahnsteigs sowie am Dienstraum der Aufsicht Gefahrschalter angebracht, an denen nach dem Bedienen die eingetretene Deckung des Bahnsteiggleises durch rotes Licht angezeigt wird. (Die technische Ausführung der Gefahrschalter wurde später verändert.)

Um in solchen Situationen das Halten eines sich nähernden Zuges zu erzwingen, sind die Signale mit mechanischer Zugbeeinflussung ausgerüstet. Diese bestehen aus an allen Hauptsignalen und an wichtigen Gleissperrsignalen angebrachten und von diesen gesteuerten Streckenanschlägen (auch als Fahrsperre bezeichnet) und aus dem am Zug angebrachten Auslösehebel der Fahrzeugeinrichtung. Die Zugbeeinflussung verhindert, daß ein Zug unbeabsichtigt ein Halt zeigendes Signal überfährt, weil eine Zwangsbremsung ausgelöst wird.

Die mechanische Zugbeeinflussung wurde bereits 1926 auf der elektrischen Vorortstrecke Berlin Stettiner Vorortbahnhof (heute Nordbahnhof)–Bernau (b Bln) eingeführt. Weiter verbessert wendete man sie mit Beginn der „Großen Elektrisierung" im gesamten elektrischen S-Bahn-Netz an. Sie wurde auch an den Signalen der dampfbetriebenen Vorortstrecke nach Zossen, später auch nach Wünsdorf und Werder (Havel) installiert. Die Dampflokomotiven der Baureihe 74^{4-13} (frühere Gattung T 12) waren für beide Fahrtrichtungen mit den entsprechenden Einrichtungen ausgerüstet.

Prinzip der mechanischen Zugbeeinflussung ist, daß bei „Halt" zeigendem Signal ein am führenden Triebwagen angebrachter und über die Fahrzeugbegrenzung hinausragender Auslösehebel an eine in die Lichtraum-Umgrenzung ragende Auflaufschiene (Streckenanschlag) anstößt, dadurch aus seiner ursprünglichen Lage gedreht wird und über ein Ventil die Zwangsbremsung auslöst. Der Streckenanschlag wird bei Signal-Fahrtstellung um eine horizontale Achse nach außerhalb der Lichtraumumgrenzung gedreht, damit sich der Auslösehebel der Fahrzeugeinrichtung ungehindert daran vorbei bewegen kann. Die selbsttätigen Signalanlagen sind von der Stellung des Signals und des Streckenanschlages abhängig. Das rückliegende Signal gelangt nur dann in eine Fahrtstellung, wenn das folgende Signal Halt zeigt und gleichzeitig der Streckenanschlag die Sperrstellung einnimmt bzw. wenn das folgende Signal einen Fahrtbegriff zeigt und gleichzeitig der Streckenanschlag weggedreht ist. Die künftige Zugbeeinflussung der Berliner S-Bahn wird auf Balisen aufbauen. Das sind von Signalen gesteuerte oder ungesteuerte Reflektoren, die vom Zug abgestrahlte Hochfrequenz in veränderter Form – bei gesteuerten Balisen – oder unverändert reflektieren. Zur Zeit werden die Anlagen zwischen Bundesplatz und Hohenzollerndamm erprobt. Ab Jahresende 1999 beginnt ein Pilotversuch auf dem Abschnitt Treptower Park (ausschließlich)–Hermannstraße.

Da an ein Halt zeigendes Signal theoretisch mit Höchstgeschwindigkeit herangefahren werden kann und erst dort die Fahrsperre ausgelöst wird, ist hinter jedem Signal ein Schutzabstand in Bremsweglänge vorhanden. Ein unmittelbar hinter einem Signal liegengebliebener Zug bewirkt über den Gleisstromkreis noch die Haltstellung des weiter davor befindlichen Signals, so daß beim Überfahren dieses Haltsignals durch einen anderen Zug der liegengebliebene Zug nicht gefährdet werden kann.

Müssen Haltsignale bei Störungen usw. absichtlich überfahren werden, kann die Fahrzeugeinrichtung der Zugbeeinflussung mit einem besonderen Schlüssel zeitweise abgeschaltet werden. Das wird von einem sogenannten Zählerventil (1928 in Anlehnung an die schriftlichen Befehle Ad bzw. Ab als Ad-Ventil, ab 1935 als Ab-Ventil bezeichnet) registriert.

Die Bahnhöfe Schlesischer Bahnhof (heute Ostbahnhof) und Berlin-Charlottenburg besitzen mehrere Bahnsteiggleise für die S-Bahn. Deren Gleisstromkreise benutzte man außerdem, um auf einer damals so bezeichneten Gleistafel mit bildlicher Darstellung der Gleisanlagen deren Belegung (weiß ausgeleuchteter Gleistreifen: Gleis frei; Streifen dunkel: Gleis besetzt) und die Stellung der Signale als farbige Lichtpunkte anzuzeigen. Diese Gleisbesetzungstafeln – so bezeichnet man sie heute – erhielten damals die Stellwerke Schlb im Schlesischen Bahnhof sowie Cot und Chab (als zuständiges Befehlstellwerk) in Berlin-Charlottenburg. Gleisbesetzungstafeln sind heute auf allen Stellwerken mit selbsttätigen Signalanlagen zu finden. Für Gleisbildstellwerke behielt man das Prinzip bei und entwickelte es weiter (Streifen dunkel: Gleis frei; rot ausgeleuchteter Streifen: Gleis besetzt).

Die Signalbilder des Signalsystems und weitere Signale der elektrischen S-Bahn

Mit Inbetriebnahme der selbsttätigen Signalanlagen auf der Stadtbahn im März 1928 gab es nur drei der heute noch bekannten Signalbilder. Deshalb bezeichnete man diese Lichttagsignale auch als Dreibildsignal (richtig: dreibegriffige Lichtsignale). Buchstaben und Ziffern als Kurzzeichen erhielten diese Signale erst ab 1. April 1935 mit Einführung eines neuen Signalbuches. Eine Geschwindigkeitssignalisierung für Abzweige war noch nicht üblich; solche Signalbilder wendete man erstmals auf der am 18. Dezember 1929 eröffneten S-Bahn-Strecke Jungfernheide–Berlin-Gartenfeld an.

Als zusätzliches Signal führte man 1928 das sogenannte Pfeilmerkzeichen ein, das sich über dem Signal befindet und nur dann leuchtet, wenn das folgende Signal Halt zeigt, also das rechte Licht gelb ist. Dieses heute als Bremspfeil bekannte Signal, das zusammen mit den Sv-Signalen in das ab 1. April 1935 gültige Signalbuch aufgenommen wurde, wies den Triebwagenführer an, mit dem Bremsen bereits vor diesem Signal zu beginnen, weil der Abstand zum folgenden Signal geringer als der Bremsweg war.

Die Lichttagsignale (später Lichttagessignale) dieses Signalsystems stellte man auf der Stadtbahn grundsätzlich links auf (bei Platzmangel an Signalbrücken bzw. -auslegern), weil

- zwischen S-Bahn- und Ferngleisen kein Platz für besondere Signalmasten vorhanden ist,
- der Triebwagenführer nach vorn freie Sicht hat und aus diesem Grund nicht wie bei Dampflokomotiven eine Rechtsstellung der Signale gefordert werden muß,
- die Signale der S-Bahn-Gleise weiter von denen der Ferngleise abrücken,
- bei linker Stellung die Signale zwischen die beiden S-Bahn-Gleise rücken und ein gemeinsamer Signalausleger für beide Fahrtrichtungen ausreicht.

Ausnahmen gab es nur in Berlin-Charlottenburg und dem Schlesischen Bahnhof, wo sich der Bahnsteig rechts vom befahrenen Gleis befindet. Mit Eröffnung der elektrischen S-Bahn nach Berlin-Gartenfeld am 18. Dezember 1929 stellte man die meisten Signale rechts auf, sofern sie nicht am Bahnsteig stehen oder mit ihrer Linksstellung eine bessere Sichtbarkeit erreicht werden kann. Das ab 1. April 1935 gültige Signalbuch ließ zu, Sv-Signale rechts, links oder über dem Gleis anzuordnen.

Da bei diesen Signalen neben dem Hauptsignalbegriff bei dessen Fahrtstellung auch ein Vorsignal angezeigt wurde, erhielten ab etwa 1931 diese Lichttagsignale nur teilweise eine Vorsignaltafel. Bei zweibegriffiger Vorsignalisierung das spätere Kennzeichen K 3 o (eine rechteckige weiße Tafel mit schwarzem Rand und zwei übereinander stehenden schwarzen Winkeln, die sich in ihrer Spitze berühren) oder bei dreibegriffiger Vorsignalisierung das spätere Kennzeichen K 3 z (wie K 3 o, jedoch darüber eine dreieckige weiße Tafel mit schwarzem Rand und einem schwarzen Punkt darin). Diese Vorsignaltafeln gab es nicht auf allen Strecken, zum Beispiel nicht nach Berlin-Gartenfeld. Im Signalbuch, gültig ab 1. April 1935, gibt es keine Hinweise mehr auf Vorsignaltafeln an Sv-Signalen. Die beabsichtigte Kennzeichnung der Signalschirme mit einem 4 Zentimeter breiten weißen Emaillestreifen unterblieb ebenfalls.

Im Schnellbahnbetrieb ist es bei Störungen an den Signalen zeitraubend, den damals üblichen schriftlichen Befehl Ad für die Vorbeifahrt am Halt zeigenden Signal auszustellen und auszutragen. Deshalb führte man mit diesen selbsttätigen Signalanlagen ein besonderes Signal ein, das angelehnt an den damals üblichen schriftlichen Befehl A, Fall d (Zug Nr. ... darf vorbeifahren am „Halt" zeigenden ... Signal ...) als Ad-Signal bezeichnet wurde. Dieses besteht aus drei weißen Lichtern in Form eines A und entspricht dem heutigen Ersatzsignal Zs 101. Dieses wurde als Ersatzsignal Ve 5 in das ab 1. April 1935 gültige Signalbuch aufgenommen und, da es sich im S-Bahn-Betrieb ausgezeichnet bewährt hatte, jetzt auch für die Fernbahn zugelassen. Das Ad-Signal mußte von der Aufsicht auf dem Bahnsteig oder vom Stellwerk für jeden Zug einzeln angeschaltet werden. Der einfahrende Zug löschte das Ad-Signal durch Befahren eines Kontaktes, später erlosch es nach 15 Sekunden selbsttätig. Früher galt das Ad- bzw. Ersatzsignal auch dann noch, wenn nur eine weiße Lampe brannte. Heute ist das Signal beim Versagen nur eines Lichtes ungültig. Mit Ad-Signalen waren nur diejenigen Einfahr- und Nachrücksignale ausgestattet, die ein rotes Licht als Haltbegriff zeigen konnten.

Dem gleichen Zweck wie das Ad-Signal diente die ab 1.Januar 1931 auf allen elektrischen S-Bahn-Strecken und dampfbetriebenen Vorortstrecken eingeführte M-Tafel am Hauptsignal (ein rotes M in Schreibschrift auf weißem Grund). Dieses Signal gestattet die Weiterfahrt des Zuges bei Halt zeigendem Signal auf mündlichen Auftrag. Haupt- und Sv-Signale mit Ad-Signal erhielten diese M-Tafel jedoch nicht. Von 1931 bis 1935 durften zur Vorbeifahrt an Halt zeigenden Signalen das Ad-Signal und der mündliche Auftrag bei vorhandener M-Tafel nur Vorortzügen erteilt werden. Auf Strecken, auf denen Fern- und Vorortzüge gemeinsam verkehrten, waren deshalb Ad-Signale und M-Tafeln mit dem Zusatz „Nur für Vorortzüge" gekennzeichnet.

Mit der weiteren Elektrifizierung mußten die Fahrten zwischen Bahnsteig und Kehranlage beschleunigt werden. Dafür gab es nur auf wenigen Wendebahnhöfen das für Rangierfahrten gültige Vorrücksignal in Form von zwei weißen, nach rechts steigenden Lichtern (Signal 14 a des damaligen Signalbuches). Die mündliche bzw. fernmündliche Zustimmung des Stellwerkswärters zur Rangierfahrt dauerte zu lange. Deshalb wurde zwischen 1929 und 1931 für das Erteilen des Auftrages „Vorziehen" (in die Kehranlage bzw. zum Bahnsteig) ein neues Vorrücksignal eingeführt, das aus drei weißen Lichtern in Form eines V bestand.

Dieses ab 1. April 1935 als Ve 6 bezeichnete Signal war bei der elektrischen S-Bahn entweder alleinstehend (zum Beispiel in Kehranlagen) oder zusätzlich an einem Signalmast (zum Beispiel an Ausfahrsignalen am Bahnsteigende) angebracht. Im Fernbahnbetrieb wurde das Signal Ve 6 später vorwiegend mit dem Wartezeichen (Kennzeichen K 11 = gelbes W) oder mit diesem zusammen an Gleissperrsignalen (Ve 3/4) verwendet. Das noch 1928 gültige Signal 14 a (zwei nach rechts steigende weiße Lichter) ist nicht in das ab 1. April 1935 gültige Signalbuch aufgenommen worden. Das gleiche Signalbild erscheint wieder ab 1. April 1959 als Signal Ra 12 (Rangierfahrtsignal) bei der Deutschen Reichsbahn.

Die neuen elektrischen Züge der Bauart Stadtbahn (später Baureihe 165) besaßen im Gegensatz zu den Voraus-Bauarten Bernau und Oranienburg (spätere Baureihen 169 und 168) nur ein Spitzenlicht. Damit entstanden abweichende Zugsignale, die man ab 1. April 1935 wie folgt bezeichnete:

- **Zg 101**
Zugspitze für elektrische Züge bei der Fahrt auf eingleisiger Strecke oder auf dem richtigen Gleis einer zweigleisigen Strecke: bei Tag kein besonderes Signal, bei Dunkelheit vorn in der Mitte am ersten Fahrzeug eine weiß leuchtende Laterne,

- **Zg 102**
Zugspitze für elektrische Züge beim Befahren des falschen Gleises: bei Tag vorn in der Mitte am ersten Fahrzeug eine runde rote Scheibe mit weißem Rand, bei Dunkelheit eine rot leuchtende Laterne,

- **Zg 104**
Zugschluß für elektrische Züge beim Befahren des falschen Gleises: bei Tag die beiden Oberwagenscheiben (Signal Zg 3) und in der Mitte des letzten Fahrzeuges eine runde gelbe Scheibe mit schwarzem Rand, bei Dunkelheit die beiden Oberwagenlaternen (Signal Zg 3) und in der Mitte des letzten Fahrzeuges eine gelb leuchtende Laterne (Signal Zg 104 ist 1939 entfallen).

Das Signalbuch von 1935 bestimmte, daß bei mehreren Bahnlinien, die auf einer längeren Strecke nebeneinander verlaufen (also gerade die Stadtbahn mit ihren S-Bahn- und Ferngleisen), bei Dunkelheit außer dem vorgeschriebenen Zugschlußsignal ein zusätzliches Signal als Unterscheidungszeichen der einzelnen Bahnlinien zu führen ist (in der Regel eine rote Laterne in Höhe des rechten Puffers). Für die elektrischen Triebwagenzüge der S-Bahn wurde auf allen Strecken zugelassen, als Unterscheidungszeichen lediglich das auch am Zugschluß beleuchtete Richtungsschild zu führen. Es kann angenommen werden, daß diese frühere Regelung Ursache für das noch heute am Zugschluß beleuchtete Richtungsschild ist.

Sv-Signal im Nord-Süd-S-Bahn-Tunnel mit kleineren Signaloptiken, Bremspfeil, Vorrück- (Rangierfahrt-) und Ersatzsignal sowie Streckenanschlag der Fahrsperre.

Gleissperrsignale mit gekuppeltem Streckenanschlag der Fahrsperre in der Kehranlage des S-Bahnhofs Berlin-Gartenfeld.
Fotos Sammlung Jacob

Neue betriebliche Vorschriften

Die Betriebsführung nach der „Großen Elektrisierung"

Von Bernd Kuhlmann (vb 1978, Seite 57 bis 64)

Verfahren bei Signalstörungen

Mit dem neuen Signalsystem von 1928 auf der Stadtbahn und der nunmehr dichteren Zugfolge mußte geregelt werden, wie bei Signal- und anderen Störungen zu verfahren ist, um die Auswirkungen auf den Schnellbahn-Betrieb auf ein Mindestmaß zu begrenzen. Solche betrieblichen Grundsätze wurden in den „Vorläufigen Sondervorschriften über die selbsttätige Zugsicherung für den elektrischen Betrieb auf der Berliner Stadtbahn" vom Januar 1928 fixiert.

C.

Sonstiges.

§ 16.

Schadhaftwerden und Liegenbleiben eines Zuges.

(1) Muß ein Zug wegen eines elektrischen Schadens vom *hinteren* Führerstand aus gefahren werden, so begibt sich der *Triebwagenschaffner* dorthin und besorgt die Ein- und Ausschaltung des Fahrstromes. Der Triebwagenführer bleibt im vorderen Führerstand und übernimmt auch weiterhin die Beobachtung der Strecke und Signale und die Bremsbedienung.

Zum Ingangsetzen des Zuges ist Signal 29 (— —) zu geben. Die Geschwindigkeit darf 25 km nicht übersteigen.

(2) Bleibt ein Zug wegen eines Schadens liegen, und kann er auch nicht vom hinteren Führerstand aus gefahren werden, so muß er vom nachfolgenden Zuge *durchgeschoben* werden.

Der *Schaffner* begibt sich schleunigst an den Zugschluß und nimmt mit dem nachfolgenden Zuge Verbindung auf. Hierbei ist folgendes Notsignal zu geben und solange zu wiederholen, bis es beantwortet wird:

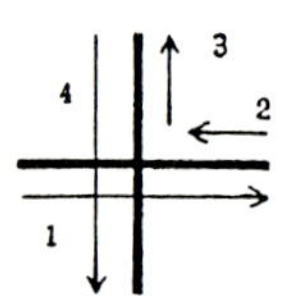

Zweimaliges Schwingen der Dienstmütze oder der ungeblendeten Handlaterne im Kreuz.

(3) Nachdem sich der nachfolgende Zug angesetzt hat, kuppelt der Schaffner die beiden Züge und läßt die Bremsprobe vornehmen. Hierauf gibt er den Abfahrbefehl.

(4) Die gekuppelten Züge gelten als *ein* Zug.

Weiterfahrt erfolgt sinngemäß nach Absatz 1 mit 25 km Geschwindigkeit.

In den „Vorläufigen Sondervorschriften über die selbsttätige Zugsicherung für den elektrischen Betrieb auf der Berliner Stadtbahn" vom Januar 1928 wird erstmals das Abschieben eines schadhaften Zuges geregelt. Sammlung Kuhlmann

Die Züge folgen einander stets im Raumabstand, daß heißt, in einem Blockabschnitt darf sich jeweils nur ein Zug befinden. Das gilt besonders bei Signalstörungen, die Züge sind von Zugfolgestelle zu Zugfolgestelle zurückzumelden. Mit den selbsttätigen Signalanlagen entfielen jedoch wärterbediente Blockstellen, weil die Signale von den Zügen gesteuert werden. Bei Signalstörungen hätten deshalb S-Bahn-Züge von Bahnsteig zu Bahnsteig zurückgemeldet werden müssen; die Zugfolgezeiten wären erheblich größer geworden, die Leistungsfähigkeit würde auf ein Minimum sinken; für einen Schnellbahnbetrieb nicht tragbar. Deshalb zeigen die Blocksignale der freien Strecke kein rotes Licht als Haltbegriff, sondern zwei gelbe Lichter nebeneinander (Signal Sv 3, später Sv 103, heute Sv 0). Dieses gestattet dem Triebwagenführer unter eigener Verantwortung nach dem Halten das „Vorrücken auf Sicht", also unter Umständen auch das Fahren in einen besetzten Abschnitt. Damit gab man bei Störungen bewußt das Fahren im Raumabstand auf, völlig neu für die damalige Zeit!

Der Triebwagen-Führer kann beim „Vorrücken auf Sicht" nicht erkennen, ob lediglich eine örtliche Signalstörung vorliegt oder ob er in einen besetzten Abschnitt einfährt; er muß deshalb stets mit Hindernissen oder mit einem anderen Zug im befahrenen Gleis rechnen. Deshalb durfte er nach den genannten Sondervorschriften lediglich mit 15 km/h auf Sicht vorrücken. Ferner war gestattet, mit zulässiger Streckengeschwindigkeit zu fahren, wenn das Freisein mehrerer Blockabschnitte festgestellt werden konnte, also nur eine örtliche Signalstörung vorlag. War das nicht möglich, mußte der Triebwagenführer 15 km/h beibehalten, bis er mindestens an zwei aufeinanderfolgenden Signalen mit einem Fahrtbegriff vorbeigefahren ist, ohne auf ein Hindernis oder einen Zug zu treffen. Die Bestimmungen für das „Vorrücken auf Sicht" galten auch an Ausfahrsignalen, jedoch mußte das Triebwagen-Personal den Auftrag der Aufsicht abwarten.

Die ab 1. Januar 1931 gültigen „Sondervorschriften für selbsttätige Signalanlagen, Fahrsperren und Ad-Signale" (SSFV, DV Bln 512), in der die „Vorläufigen Sondervorschriften für die selbsttätige Zugsicherung der Stadtbahn und der Strecke Jun–Gtf" (DV Bln 514), die „Sondervorschriften für die selbsttätige Zugsicherung der Strecke Pov–Lio" (DV Bln 512) und die „Sondervorschriften für Fahrsperren" (DV Bln 513, gültig vom 1. April 1928) aufgegangen sind, erlaubten für das „Vorrücken auf Sicht" eine Geschwindigkeit von 20 km/h. Zugleich konkretisierte man, daß sich ein auf Sicht vorrückender Zug einem haltenden Zug nur auf etwa 100 Meter nähern darf, wenn nicht zu erkennen ist, daß der haltende Zug abgeschoben werden will. Fuhr der vorliegende Zug weiter, durfte ihm auf Sicht mit rund 100 Meter Abstand bis zum nächsten Haltsignal gefolgt werden.

Das „Vorrücken auf Sicht" wendete man auch bei erloschenen Signalen und bei solchen mit zweifelhaftem Signalbild an. Für die Fahrt zum Bahnsteig mußte vom TriebwagenFührer (da mindestens die letzten beiden vorliegenden Signale ein rotes Licht zeigten) das Ad-Signal des Fahrdienstleiters bzw. der Aufsicht abgewartet werden. Voraussetzungen dafür waren, daß der Zug vor dem Halt zeigenden Signal hält, sich mit Achtungssignal oder über Fernsprecher gemeldet hat und das Bahnsteig-Gleis frei war.

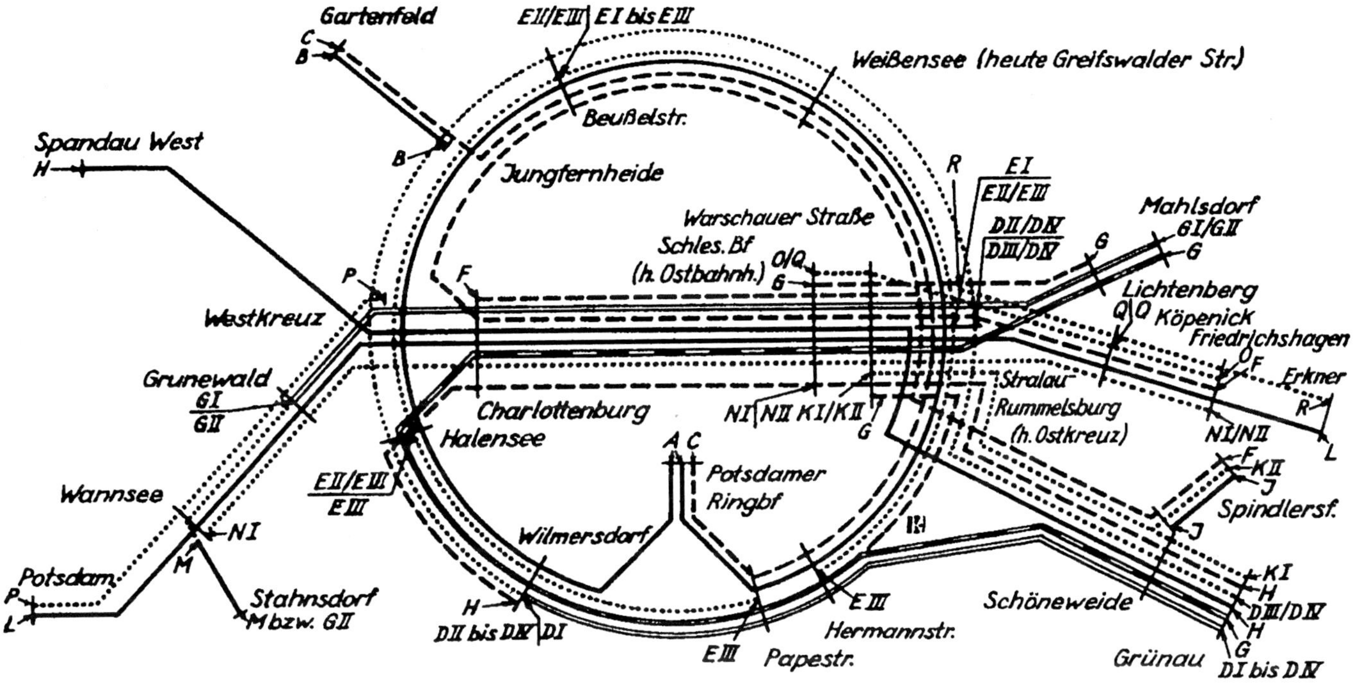

Es bedeuten:

Stammzuggruppen werktags	Einsatzzuggruppen werktags im Berufsverkehr
Stammzuggruppen werk- und sonntags	Bedarfszuggruppen sonntags
Stammzuggruppen sonntags	

Zuggruppen der Stadt- und Ringbahn mit anschließenden Vorortstrecken, 1932

(Die nachstehend in Klammern stehenden Ziffern geben die Anzahl der Züge pro Stunde und Richtung an)

A *Ringzüge über* Potsdamer Ringbahnhof (6)
B Jungfernheide – (6) – Bln-Gartenfeld
C werktags im Berufsverkehr: Bln-Gartenfeld – (6, nachmittags 7) – Bln-Weißensee (heute Bln Greifswalder Straße) – (6) – Papestraße (vormittags 2) – Bln Potsdamer Ringbahnhof

D I sonntags: Bln-Grünau – (3) – *Südring* – (3) – Bln-Wilmersdorf (heute Bundesplatz)
D II sonntags bei Bedarf: Bln-Grünau – (3) – *Südring* – (3) – *Nordring* – (3) – Stralau-Rummelsburg (heute Ostkreuz)
D III sonntags bei Bedarf: Bln-Grünau – (3) – *Südring* – (3) – *Nordring* – (3) – Berlin-Schöneweide bzw. Bln-Grünau
D IV sonntags bei Bedarf: Bln-Grünau – (3) – *Südring* – (3) – *Nordring* – (3) – Stralau-Rummelsburg bzw. Bln-Grünau

E I sonntags bei Bedarf: Beusselstraße – (3) – *Nordring* – (3) – Stralau-Rummelsburg
E II sonntags bei Bedarf: Bln-Halensee – (3) – *Nordring* – (3) – Stralau-Rummelsburg
E III sonntags bei Bedarf: Papestraße – (3) – *Nordring* – (3) – Hermannstraße

F werktags im Berufsverkehr: Bln-Friedrichshagen – (6) – *Stadtbahn* – (6) – *Nordring* – (6) – Stralau-Rummelsburg – (2) – Spindlersfeld und Stralau-Rummelsburg – (4) – Bln-Charlottenburg
G werktags: Bln-Mahlsdorf (4 bzw. 2) Lichtenberg-Friedrichsfelde (heute Berlin-Lichtenberg) (6) – Stadtbahn - (6) – *Südring* - (6) – Papestraße – (2) – Bln-Grünau;
außerdem im Berufsverkehr Papestraße – (4) – Warschauer Straße; außerdem im Berufsverkehr: Lichtenberg-Friedrichsfelde (heute Bln-Lichtenberg) – (1) – Bln Schlesischer Bahnhof (heute Bln-Ostbf)
G I sonntags: Bln-Mahlsdorf – (6) – *Stadtbahn* – (6) - Bln-Grunewald
G II sonntags bei Bedarf: Bln-Mahlsdorf – (6) – *Stadtbahn* – Bln-Grunewald - (3) Stahnsdorf Reichsb.

H Bln-Grünau – (4 bzw. 6, sonntags 6) – Bln-Schöneweide – (6) – *Stadtbahn* – (6) Spandau West (heute Bln-Spandau); außerdem im Berufsverkehr: Berlin-Grünau – (vormittags 2) – Stadtbahn – (vormittags 2) – Bln-Wilmersdorf (heute Bundesplatz)
J Bln-Schöneweide – (2) – Bln-Spindlersfeld
K I sonntags bei Bedarf: Bln-Grünau – (3) – Warschauer Straße
K II sonntags bei Bedarf: Bln-Spindlersfeld – (2) – Warschauer Straße

L Erkner – (4 bzw. 6, sonntags 6) – Bln-Friedrichshagen – (6) – *Stadtbahn* – (6) – Bln-Grunewald – (4, sonntags 6) – Potsdam
M Bln-Wannsee – (2, sonntags 3) – Stahnsdorf Reichsb.
N I sonntags bei Bedarf: Bln-Friedrichshagen – (3) – *Stadtbahn* – (3) – Bln-Wannsee
N II sonntags bei Bedarf: Bln-Friedrichshagen – (6) – Bln Schlesischer Bahnhof

O sonntags bei Bedarf: Bln-Friedrichshagen – (3) – Bln Schlesischer Bahnhof
P sonntags bei Bedarf: Westkreuz – (3) – Potsdam
Q sonntags bei Bedarf: Bln-Köpenick – (3) – Bln Schlesischer Bahnhof
R sonntags bei Bedarf: (Erkner –) Rahnsdorf – (3) – Stralau-Rummelsburg

Die Zuggruppen D I bis D IV, E I bis E III, G I und G II, G II und M, K I und K II, N I und N II, R , O und Q schließen sich fahrplantechnisch einander aus; d. h. von den genannten Zuggruppen kann jeweils nur eine verkehren.
Zeichnung Kuhlmann

Maßnahmen bei technischen Schäden am Zug

Auch für technische Schäden an den Zügen waren vorbereitende betriebliche Regelungen getroffen worden, damit die Strecke von schadhaften Zügen geräumt werden konnte.

Bei einem elektrischen Schaden am Zug sollte dieser von einem hinteren Führerstand aus gefahren werden. Dort übernahm der Triebwagen-Schaffner das Ein- und Ausschalten des Fahrstromes nach den Signalen des Triebwagen-Führers, der allein im vorderen Führerstand verblieb, die Strecke und die Signale beobachtete und die Bremse bediente. In solchen Fällen durfte eine Geschwindigkeit von 25 km/h (ab 1. Januar 1931 von 30 km/h) nicht überschritten werden.

Konnte ein Zug wegen eines Schadens auch nicht von einem hinteren Führerstand aus gefahren werden, mußte dieser vom folgenden Zug abgeschoben werden, der auf der Strecke auf Sicht vorrücken durfte. Der Triebwagenschaffner des liegengebliebenen Zuges hatte dazu vom Zugschluß ein „Notsignal" mit der Mütze oder mit einer weiß leuchtenden Handlampe so lange zu geben, bis es vom folgenden Zug beantwortet wurde. Nach dem Kuppeln beider Züge und einer Bremsprobe durften die gekuppelten Züge – von einem hinteren Führerstand aus gesteuert – mit 25 km/h (ab 1. Januar 1931 mit 30 km/h) weiterfahren. War jedoch am Bahnsteig ein Zug liegengeblieben, durfte dem folgenden Zug weder „Notsignal" noch Ad-Signal zum Abschieben erteilt werden; dafür hatte der Fahrdienstleiter bzw. die Aufsicht einen schriftlichen Befehl A auszustellen.

Erstmals wurde 1932 zugelassen, nicht mehr mit eigener Kraft fahrfähige elektrische Züge von Dampflokomotiven abziehen oder abschieben zu lassen. Dafür sind auf verschiedenen Bahnhöfen und in allen S-Bahnbetriebswerken (heute Betriebshöfe) und Triebwagenhallen Notkupplungen bzw. Überführungswagen mit Scharfenberg-Kupplung an der einen und Schraubenkupplung an der anderen Stirnseite vorhanden. Das Heranführen der Dampflokomotive an den liegengebliebenen elektrischen Zug geschah mit schriftlichem Befehl Ae (später Befehl Af): „zum Abschieben (Abschleppen) des in km ... oder im Bf ... liegengebliebenen Zuges Nr. ..., Höchstgeschwindigkeit 20 km/h" (später 25 km/h).

Regelungen für Betriebsstörungen

Bei Betriebsstörungen (wie zum Beispiel Gleissperrungen, größere Verspätung eines Zuges, liegengebliebener Zug usw.) kann es notwendig sein, Züge nicht bis zum planmäßigen Endbahnhof zu fahren, sondern auf Vorbahnhöfen zu wenden. Während für den früheren Dampfbetrieb auf der Stadtbahn Kehranlagen nur im Schlesischen Bahnhof (heute Berlin Ostbahnhof) und in Berlin-Charlottenburg vorhanden waren, konnten für den elektrischen Betrieb – da ein Umsetzen der Lokomotive für die Fahrt in die Gegenrichtung entfiel – auf der Stadtbahn auf den Bahnhöfen Alexanderplatz, Berlin Friedrichstraße, Lehrter Stadtbahnhof und Berlin Zoologischer Garten sogenannte Notkehren eingerichtet und für den Betrieb genutzt werden. Das sind einfache Weichenverbindungen zwischen den S-Bahn-Gleisen vor und/oder hinter Bahnsteigen, deren Weichen im Regelbetrieb stumpf befahren werden. In Grundstellung waren die Weichen verschlossen und die selbsttätigen Signalanlagen durchgeschaltet. Für das Notkehren war in einem besonderen Häuschen in der Nähe der Weichen oder in einem benachbarten Stellwerk ein kleines Schalterwerk vorhanden. Mit dessen Aufschließen – den Schlüssel dazu verwahrte die Aufsicht – gelangten das Ausfahrsignal am Bahnsteig sowie die Deckungssignale des benachbarten Gleises in Haltstellung. Die Kehrfahrten fanden grundsätzlich in Fahrtrichtung des Zuges hinter dem Bahnsteig statt. Für das Vorziehen bis hinter die Weichenverbindung und das Zurücksetzen zum Bahnsteig auf das andere Ausfahrgleis erteilten Aufsicht bzw. zusätzliche(r) Weichenwärter mündliche Weisungen. Nicht feststellbar war, ob die Weichen der Notkehre fern- oder handbedient waren. Nach beendeter Kehrfahrt und Grundstellung der Weichen war das Schalterwerk wieder zu verschließen, und die selbsttätigen Signalanlagen wurden durchgeschaltet. Die benachbarten Bahnhöfe und Haltepunkte mußten für den Bahnhof, auf denen solche Kehrfahrten stattfanden, Vorsichtsbefehle an die Züge ausstellen. Dieses umständliche Verfahren – es waren jeweils zwei Weichenwärter erforderlich, die zugleich als Rangierleiter fungierten – bestand vermutlich nicht lange. Denn bereits ab 1931 führte man auf Bahnhöfen mit Fahrwegverzweigungen und Kehranlagen sogenannte Umleithebel (heute Durchleithebel) ein, mit denen halbselbsttätige Signale in vollselbsttätige umgewandelt werden können.

Stockte der Betrieb auf der Stadtbahn, war ab 1932 für den der Störungsstelle rückgelegenen Bahnhof vorgeschrieben, die Zugfolge so einzuschränken, daß sich bis zum nächsten Bahnhof nicht mehr Züge befinden als Blockabschnitte vorhanden sind; verkürzte Blockabschnitte hinter Nachrücksignalen blieben unberücksichtigt.

Ebenfalls ab 1932 konnte bei Betriebsstörungen auf einem Gleis einer zweigleisigen Strecke ein Pendelbetrieb zwischen zwei Bahnhöfen eingerichtet werden. Dieser entsprach noch nicht dem erst am 27. November 1943 zugelassenen vereinfachten eingleisigen Pendelbetrieb. Ab November 1955 bezeichnete man dieses Verfahren als „Vereinfachter eingleisiger elektrischer Pendelbetrieb (VeeP)", das man ab 1. November 1971 angelehnt an bestehende Vorschriften in „Zeitweise eingleisiger elektrischer Pendelbetrieb (ZeeP)" umbenannte (seit 1. Januar 1993 nur noch als Pendelbetrieb bezeichnet). Für den Pendelbetrieb von 1932 galten Grundsätze für das Befahren des falschen Gleises und des Regelbetriebs (auf dem richtigem Gleis). Außerdem konnten Züge im Störungsfall von einem Bahnhof zu einem anderen auf dem richtigen Gleis und zurück auf falschem Gleis zum Ausgangsbahnhof fahren (damals als Teilfahrtbetrieb bezeichnet).

Die Ausbildung des Personals für den elektrischen Betrieb

Nachdem das neue Signalsystem auf der Stadtbahn bis März 1928 installiert war, fuhren 120 als Triebwagenschaffner auszubildende Zugschaffner als dritter Mann auf der Dampflokomotive mit. Gemeinsam mit dem Lokomotivführer hatten sie lediglich die Aufgabe, die neuen Signale, die jetzt ausschließlich links vom Gleis standen, zu beobachten, um Unfälle zu verhindern.

Bis zum 1. März 1928 wurden in einer 28tägigen Ausbildung insgesamt 407 Lokomotivführer als Triebwagenführer und parallel dazu bis zum 1. April 1928 die gleiche Zahl von Zugschaffnern zu Triebwagenschaffnern ausgebildet. Diese mußten eine 56tägige Ausbildung absolvieren, da sie außerdem als Triebwagenführer geprüft wurden. Sie sollten später die als Triebwagenführer geprüften Lokomotivführer ersetzen.

Die zuletzt ausgebildeten Personale sind jeweils zuerst im elektrischen Betrieb eingesetzt worden. Lag dagegen die Prüfung über ein Dreivierteljahr zurück, mußte vor dem erstmaligen Einsatz ein Wiederholungs-Lehrgang besucht werden. Im übrigen versuchte man, das gesamte geprüfte Personal an Sonntagen zusätzlich einzusetzen, um die erworbenen Kenntnisse im Betrieb zu festigen.

Das stationäre Betriebspersonal – Fahrdienstleiter, Stellwerkswärter, Aufsichten usw. – ist erst kurz vor der Eröffnung des elektrischen Betriebes unterwiesen worden. Günstig für alle war, daß sich der Übergang auf elektrischen Betrieb auf den einzelnen Strecken allmählich vollzog, weil nach und nach immer mehr elektrische Züge zwischen den Dampfzügen verkehrten. Streckenweise verging mehr als ein halbes Jahr bis zum rein elektrischen Betrieb.

Um die Sicherheit des elektrischen Betriebes zu erhöhen, veränderte man das Abfertigen der S-Bahn-Züge. Von der Aufsicht – auf den Bahnhöfen der Stadtbahn arbeiteten stets zwei, für jede Richtung eine – wurde nach wie vor der Befehlsstab verwendet (seit 1907 eingeführt). Anfangs gab der Triebwagen-Schaffner wie beim Dampfbetrieb dem Triebwagen-Führer sofort das Abfahrsignal, worauf dieser die Türen schloß und nach weiteren zwei Sekunden abfuhr. Ab 1. Dezember 1930 veränderte man den Auftrag. Nach dem Heben des Befehlsstabes gab der Triebwagen-Schaffner dem Triebwagen-Führer ein Klopfzeichen zum Schließen der Türen, kurz danach rief der Triebwagen-Schaffner „Abfahren!" Eine Klingelanlage hat es früher in den Zügen nicht gegeben. Diese Art der Abfertigung bestand bei der Berliner S-Bahn bis zum Einführen des Ein-Mann-Betriebes, beginnend ab 25. Februar 1965, und wird noch heute vereinzelt bei gestörtem Funk angewandt.

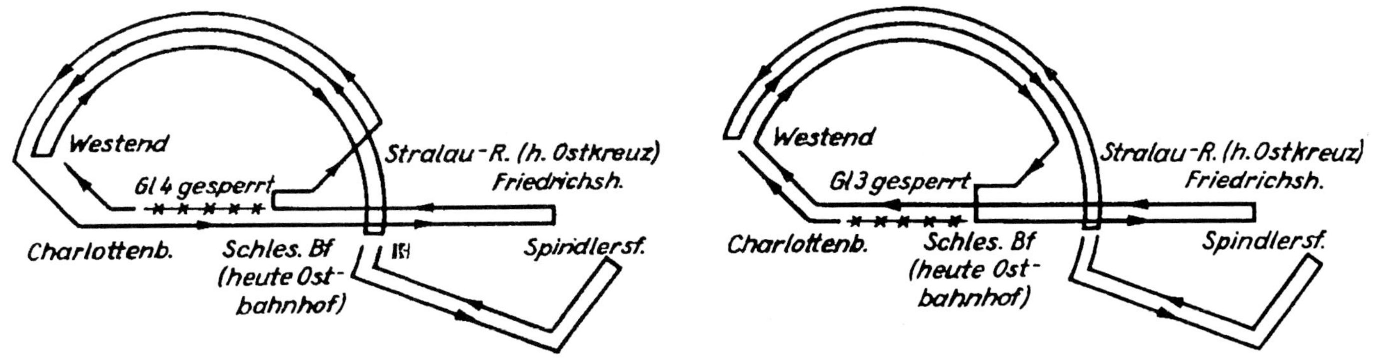

Schematische Darstellung des Umlaufs der Züge der Gruppe F bei gesperrten Stadtbahn-Gleisen 3 und 4. Die Züge verkehren praktisch in zwei getrennten Umläufen: Berlin-Friedrichshagen – Berlin-Friedrichshagen über Stadtbahn – Nordring bzw. umgekehrt in nur einer Richtung und Westend – Stralau-Rummelsburg bzw. Berlin-Spindlersfeld in beiden Richtungen. Zeichnung: Kuhlmann

Vorteile der Elektrifizierung: vereinfachte Gleisanlagen und kürzere Zugfolgen

Am Beispiel des Potsdamer Ringbahnhofs werden die Vorteile der Elektrifizierung deutlich: vereinfachte Gleisanlage und kürzere Zugfolge. Zeichnung: Sammlung Bock

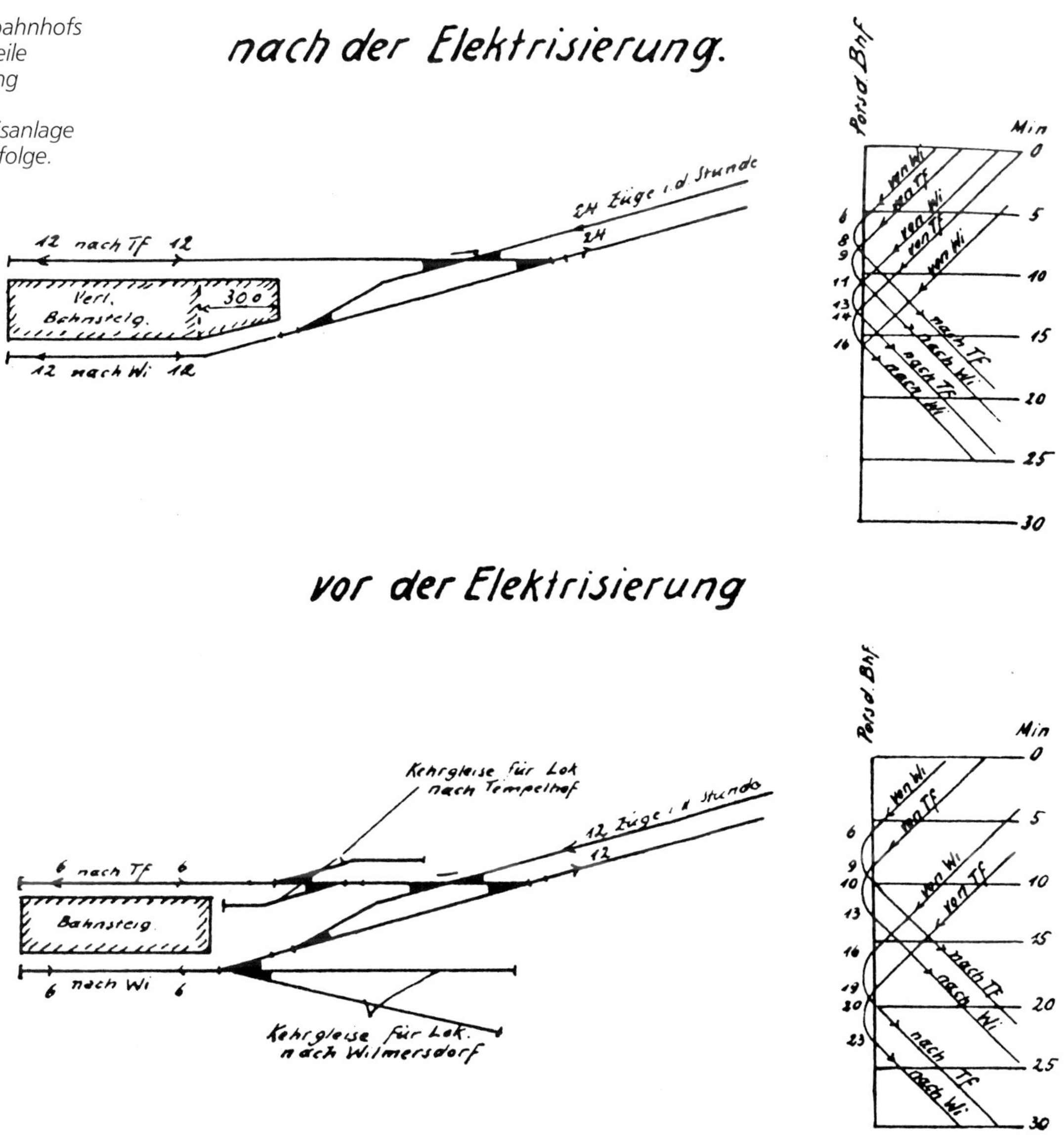

Die Organisation des S-Bahn-Betriebes nach der „Großen Elektrisierung"

Über die Einführung des elektrischen S-Bahn-Betriebes gibt folgende Zeittafel Auskunft:

11. Juni 1928
Eröffnung des elektrischen Probebetriebes im Zuglauf Potsdam/ Stahnsdorf Reichsb. – Erkner mit fünf Wagenzügen (Der Zuglauf bestand bereits im Dampfbetrieb)

19. Juni 1928
Einsatz eines weiteren Wagenzuges

26. Juni 1928
Einsatz weiterer vier Wagenzüge

10. Juli 1928
Beginn des teilweise elektrischen Betriebes im Zuglauf Stahnsdorf – Berlin-Friedrichshagen bzw. Erkner mit sechs Wagenzügen (Zuglauf bestand bereits im Dampfbetrieb)

22. August 1928
Beginn des vollelektrischen Betriebes im Zuglauf Berlin-Wannsee – Stahnsdorf mit zwei Halbzügen

23. August 1928
Beginn des elektrischen Betriebs im neuen Zuglauf Berlin-Köpenick – Spandau West (heute Berlin-Spandau) mit neun Wagenzügen über die neuen Vorortgleise Berlin-Charlottenburg – Heerstraße (Eröffnung 14. August 1928). Eröffnung des Bahnhofs Eichkamp und des neuen Bahnsteigs auf Bahnhof Heerstraße. (Falls die neun genannten Wagenzüge für diesen Zuglauf ausreichten, wäre das nach der Strecke Berlin-Wannsee – Stahnsdorf Reichsb. die zweite Strecke, die auf vollelektrischen Betrieb umgestellt worden wäre.)

7. Oktober 1928 (Fahrplanwechsel):
Beginn des vollelektrischen Betriebes mit den Zugläufen Erkner – Potsdam mit 24, Berlin-Friedrichshagen bzw. Berlin-Köpenick – Spandau West (heute Berlin-Spandau) mit neun Wagenzügen und Berlin-Wannsee – Stahnsdorf Reichsb. mit einem Halbzug

6. November 1928
Beginn des teilweise elektrischen Zugbetriebes im Zuglauf Berlin-Kaulsdorf – Stadtbahn – Berlin-Charlottenburg – Südring – Warschauer Straße bzw. Berlin-Grünau mit sieben Wagenzügen (Zuglauf bestand bereits im Dampfbetrieb)

10. Dezember 1928
Eröffnung des Bahnhofs Ausstellung (heute Westkreuz)

11. Dezember 1928
Einsatz weiterer 9 Wagenzüge im Zuglauf Bln-Kaulsdorf – Südring

4. Januar 1929
Beginn des vollelektrischen Betriebs im Zuglauf Berlin-Kaulsdorf – Stadtbahn – Südring – Warschauer Straße bzw. Berlin-Grünau nach Einsatz weiterer sechs Wagenzüge, jetzt insgesamt 22 Wagenzüge (Zuglauf bestand bereits im Dampfbetrieb)

1. Februar 1929
Beginn des teilweise elektrischen Betriebes im neuen Zuglauf Berlin-Grünau – Stadtbahn – Nordring – Berlin-Charlottenburg mit neun Wagenzügen und im Zuglauf Berlin-Schöneweide – Berlin-Spindlersfeld (Zugläufe bestanden vereinigt bereits im Dampfbetrieb)

19. Februar 1929
Einsatz weiterer acht Wagenzüge in diesem Zuglauf

13. März 1929
Einsatz weiterer neun Wagenzüge in diesem Zuglauf

20. März 1929
Einführung verkürzter Fahrzeiten für rein elektrischen Betrieb auf der Stadtbahn und den anschließenden Vorortstrecken (Geschwindigkeiten: Stadtbahn 50 km/h, Ringbahn 60 km/h, Vorortstrecken 70 km/h). Beginn des elektrischen Betriebes im neuen Zuglauf Berlin-Grünau – Stadtbahn – Spandau West (heute Berlin-Spandau). Beginn des vollelektrischen Betriebes im Zuglauf Berlin-Schöneweide – Berlin-Spindlersfeld

4. April 1929
Beginn des teilweise elektrischen Betriebes im Zuglauf Westend – Nordring – Papestraße mit vier Wagenzügen (Zuglauf bestand bereits im Dampfbetrieb)

18. April 1929
Beginn des teilweise elektrischen Betriebes der über Potsdamer Ringbahnhof fahrenden Ringzüge mit sieben Wagenzügen (Zuglauf bestand bereits im Dampfbetrieb)

7. Mai 1929
Einsatz weiterer acht Wagenzüge in diesem Zuglauf

15. Mai 1929
Beginn des vollelektrischen Betriebes auf der Ringbahn. Einführung verkürzter Fahrzeiten auf der Ringbahn

15. Januar 1930
Erhöhung der Geschwindigkeiten im elektrischen Betrieb von 50 auf 55 km/h auf der Stadtbahn, von 60 auf 65 km/h auf der Ringbahn, von 70 auf 75 km/h auf den Vorortstrecken.

Auf der Stadtbahn fuhren die Züge nach Abschluß der Elektrifizierung am 15. Mai 1929 im Berufsverkehr im Zwei-Minuten-Abstand (siehe Tabelle). Ein bedarfsweises Verdichten auf 90 Sekunden war erst möglich, nachdem zwischen Schlesischem Bahnhof (heute Ostbahnhof) und Stralau-Rummelsburg (heute Ostkreuz) das neue Signalsystem installiert worden war. Auch die Zulaufstrecken zur Stadtbahn mußten eine solche Zugfolge ermöglichen, um die Leistungsfähigkeit von 40 Zügen pro Stunde und Richtung ausschöpfen zu können.

Aus der Zeittafel über die Aufnahme des elektrischen S-Bahn-Betriebes geht hervor, daß die Zugläufe im wesentlichen so belassen wurden, wie sie bereits während des Dampfbetriebes bestanden haben. Die S-Bahn-Zugläufe, die mit dem Abgangs- und Zielbahnhof sowie ggf. mit dem Fahrtweg gekennzeichnet werden mußten, erscheinen in der angegebenen Literatur erstmals 1932 als Züge, die mit einem großen Buchstaben und ggf. einer nachgestellten römischen Ziffer gekennzeichnet wurde. Erst danach bildete sich der heute geläufige Begriff der Zuggruppe heraus.

In das nunmehr bestehende Zuggruppen-System nahm man auch die Züge nach Velten (Mark), Oranienburg, Bernau (b Bln), Berlin-Wannsee und Berlin Lichterfelde Ost auf, die wegen ihres relativ selbständigen Betriebes bisher nicht bezeichnet waren. Sie erhielten arabische Ziffern bzw. die fernschriftliche Abkürzung des Vorortbahnhofs (Ws, Lio). Der Ursprung der Zuggruppen-Bezeichnungen für die über die Stadt- und Ringbahn verkehrenden Züge und deren Systematik ist heute nicht mehr feststellbar.

Die S-Bahn-Züge selbst kennzeichnete man äußerlich nicht mit der Zuggruppe, obwohl sie in den Fahrplanunterlagen genannt war. Nur der Zielbahnhof des Zuges ist auf dem Fahrtrichtungsschild genannt worden. Erst als während des Zweiten Weltkrieges durch zunehmende Luftangriffe und den damit verbundenen Zerstörungen Unregelmäßigkeiten im S-Bahn-Betrieb immer mehr zunahmen, ist in der Mitte des mittleren Fensters des Führerstandes die Zuggruppen-Bezeichnung auf einer weißen Tafel gezeigt worden. Später fügte man ebenfalls auf einer weißen Tafel die Nummer des betreffenden Umlaufs der Zuggruppe an. In dieser Art bestand die äußerliche Zuggruppen- und Umlauf-Bezeichnung bis Juni 1991, danach begann man schrittweise statt der Zuggruppen-Bezeichnung die Linien S 1 bis S 10 einzuführen.

Der S-Bahn-Betrieb bei Störungen und Unregelmäßigkeiten

Die dichte Zugfolge auf der Stadtbahn, besonders in Spitzenzeiten und bei Sonderveranstaltungen, erfordert, die Auswirkungen von Unregelmäßigkeiten sofort einzugrenzen und einen eingeschränkten Betrieb aufrechtzuerhalten. In einer Vorschrift legte man vorbereitend bestimmte Prinzipien für das Aufrechterhalten des Betriebes fest. Zugleitungen wie bei der Fernbahn gab es bei der S-Bahn noch nicht, sie wurden erst während des Zweiten Weltkrieges eingerichtet.

Zugläufe und Minutenplan für 15 Minuten des Werktagsfahrplanes für die Stadtbahn im Dampfbetrieb ab 15. Mai 1926

von Westend (werktags) nach
von Potsdam (aller 30 Minuten) bzw. Grunewald nach
von Potsdamer Ringbahnhof (werktags) nach
von Warschauer Straße (werktags) nach
von Grunewald bzw. Stahnsdorf (aller 60 Minuten) nach
von Potsdamer Ringbahnhof (im Berufsverkehr) bzw. Friedrichstraße (zeitweise am Tage außerhalb des Berufsverkehrs) nach

1 Zug pro Stunde
2 Züge pro Stunde
je 1 Zug pro Stunde nach Grunewald und Westend
1 Zug pro Stunde

Fahrplan-Tabelle

1b	1f	1	1b	zu 1a	1f	1		Fahrplan-Tabelle		1f	1	1f	1b	1	1f	zu 1a
01	03	06	08		11	13	ab	Charlottenburg	an	41	43	46	48	50	54	
04	07	09	12		14	17		Savignyplatz		37	39	42	44	47	49	
07	10	12	15		17	20		Zoologischer Garten		35	36	39	41	44	47	
10	12	15	17		20	22		Tiergarten		31	34	36	39	41	44	
13	15	18	20		23	25		Bellevue		28	31	33	36	38	41	
17	19	22	24		27	29		Lehrter Stadtbahnhof (heute Lehrter Bahnhof)		24	27	29	32	34	37	
21	23	26	28		31	33		Friedrichstraße		20	23	25	28	30	33	
24	26	29	31		34	36		Börse (heute Marx-Engels-Platz)		17	20	22	25	27	30	
26	29	31	34		36	39		Alexanderplatz		15	17	20	22	25	27	
29	31	34	36		39	41		Jannowitzbrücke		12	15	17	20	22	25	
32	35	37	39		43	44		Schlesischer Bahnhof (heute Ostbahnhof)		09	12	14	17	19	22	
35	39	40	42	45	46	47		Warschauer Straße		05	08	10	13	15	17	18
39	43	43	47	49	50	53	an	Stralau-Rummelsburg (heute Ostkreuz)	ab	02	04	07	09	12	14	14

diese Zugfolge wiederholt sich im 15-Min.-Abstand

nach Westend (im Berufsverkehr) bzw. Hermannstraße (abends) von
nach Friedrichshagen von
nach Potsdamer Ringbahnhof (werktags) von
nach Lichtenberg-Friedrichsfelde bzw. Kaulsdorf (aller 30 Minuten) von
nach Grünau bzw. Spindlersfeld (je aller 30 Minuten) von
nach Erkner von

je 1 Zug pro Stunde von Friedrichshagen und Grünau bzw. Spindlersfeld
1 Zug pro Stunde

Grundsätzlich orientierte man darauf, die Züge soweit wie möglich an die Störungsstelle heranzufahren und auf einem davor befindlichen Bahnhof über die Kehranlage oder über die Notkehre wenden zu lassen. Einzelne Bahnhöfe wären mit der Vielzahl von wendenden Zügen überfordert, deshalb sollten Züge auch auf vorliegenden Bahnhöfen enden und zurückfahren.

Für die Züge der Gruppe F galt wegen des Umlaufs über den Nordring und des zweimaligen Befahrens der Stadtbahn, daß auf dem jeweils nicht gestörten Gleis der Stadtbahn ein Durchgangsverkehr in nur einer Richtung aufrechterhalten wird. Noch von der Stadtbahn kommende Züge der Gruppe F wurden dabei in den neuen Umlauf eingefädelt.

Bei Störungen auf der Stadtbahn konnten nach entsprechender Bekanntgabe die auf den Ferngleisen verkehrenden Fernzüge mit S-Bahn-Fahrkarten benutzt werden. Darüber hinaus sollten auf

Zugläufe und Minutenplan für 10 Minuten der elektrischen S-Bahn über die Stadtbahn ab 15. Dezember 1929 nach dem wesentlichen Abschluß der „Großen Elektrisierung"

von Berlin-Schöneweide über Nordring (nur im Berufsverkehr, aller halben Stunden) bzw. Charlottenburg über Stadtbahn - Nordring (nur im Berufsverkehr, 4 Züge stündlich) bzw. Westend (nur werktags) bzw. Wannsee (nur sonntags bei Bedarf) — nac[h]

von Berlin-Grünau über Südring (nur im Berufsverkehr, aller halben Stunden) bzw. Warschauer Straße über Südring (nur im Berufsverkehr, 4 Züge stündlich) bzw. Papestraße über Südring (nur werktags) bzw. Grunewald (nur sonntags) — nach

von Potsdam — nach

von Charlottenburg (nur im Berufsverkehr, 4 Züge stündlich) — nach

von Spandau West — nach

F	G	L	F	H	später Züge der Gruppe	H	F	L	G	F
-	1	3	-	7	Ausstellung (heute Westkreuz)	9	-	2	4	-
2	4	6	8	0	Charlottenburg	6	8	0	2	4
4	6	8	0	2	Savignyplatz	3	5	7	9	1
6	8	0	2	4	Zoologischer Garten	1	3	5	7	9
8	0	2	4	6	Tiergarten	9	1	3	5	7
0	2	4	6	8	Bellevue	7	9	1	3	5
3	5	7	9	1	Lehrter Stadtbf (heute Lehrter Bf)	4	6	8	0	2
5	7	9	1	3	Friedrichstraße	2	4	6	8	0
7	9	1	3	5	Börse (heute Marx-Engels-Platz)	0	2	4	6	8
9	1	3	5	7	Alexanderplatz	8	0	2	4	6
1	3	5	7	9	Jannowitzbrücke	6	8	0	2	4
4	6	8	0	2	Schlesischer Bf (heute Ostbahnhof)	4	6	8	0	2
6	8	0	2	4	Warschauer Straße	1	3	5	7	9
8	1	3	5	6	Stralau-Rummelsburg (heute Ostkreuz)	9	0	3	5	7

nach Berlin-Grünau — von

nach Westend über Nordring (nur im Berufsverkehr, 4 Züge stündlich), ab Westend werktags (siehe erste bzw. letzte Spalte) — von

nach Erkner — von

nach Lichtenberg-Friedrichsfelde (heute Lichtenberg) bzw. Kaulsdorf (4 Züge stündlich, sonntags bei Bedarf 10-Minuten-Verkehr) — von

nach Friedrichshagen (nur werktags, sonntags bei Bedarf) — von

den Ferngleisen zwischen dem Schlesischen Bahnhof und Berlin-Charlottenburg zusätzliche Dampfzüge eingesetzt werden.

Zum Abfangen besonders starken Andranges auf anderen Bahnhöfen, zum Austausch schadhafter Züge und um Überlastungen von mehr als acht Minuten verspäteter Züge zu vermeiden, standen wie zu Zeiten des Dampfbetriebes auf einzelnen Bahnhöfen Reservezüge bereit. Da es damals noch keine Zugleitungen gab, verfügten diese sogenanten Reserve-Bahnhöfe über den Einsatz der Züge, die ab 1932 bereitstanden.

Für die Weitergabe von Meldungen über den elektrischen S-Bahn-Betrieb installierte man auf den meisten elektrischen Strekken ein besonderes Fernsprechnetz, über das sich Aufsichten, Fahrdienstleiter, Schaltwerke und Lastverteiler der Stromversorgung miteinander verständigen können.

Die hier geschilderte Betriebsführung bestand bis zum Zweiten Weltkrieg. In dieser Zeit schuf man wegen zunehmender Zerstörungen an Bahnanlagen und Fahrzeugen Zugleitungen, die bei Unregelmäßigkeiten regulierend eingriffen. Auch heute gelten die früheren und inzwischen bewährten Prinzipien der Betriebsführung fort. Sie können mit Hilfe der heutigen moderneren Technik (Funkverkehr, elektronische Stellwerke für große Streckenbereiche, künftig Betriebszentrale) zeitlich schneller und damit wirkungsvoller als früher umgesetzt werden.

Abstellbahnhöfe für Reservezüge der elektrischen Berliner S-Bahn

Reservezug-Abstellbahnhof ...	ordnet Einsatz an für Fahrten in Richtung ...
Schlesischer Bahnhof (heute Bln Ostbahnhof)	Erkner, Grünau, Mahlsdorf, aber auch Charlottenburg, Nordring über Stralau-Rummelsburg (heute Ostkreuz)
Westkreuz	Potsdam, Spandau (heute Stresow), aber auch Schlesischer Banhof
Lichtenberg-Friedrichsfelde (heute Bln-Lichtenberg)	Stadtbahn, aber auch Mahlsdorf
Grünau	Stadtbahn, aber auch Ringbahn
Westend	Ringbahn, aber auch Stadtbahn über Charlottenburg
Papestraße	Ringbahn, aber auch Mahlsdorf über Halensee und Grünau
Berlin-Weißensee (heute Bln Greifswalder Straße)	Ringbahn, aber auch Stadtbahn über Stralau-Rummelsburg

Vergleich der Reisezeiten im Dampfbetrieb 1926 und im elektrischen Betrieb 1929

Strecke	Reisezeiten in Minuten im	
	Dampfbetrieb	elektrischen Betrieb
Schlesischer Bahnhof – Charlottenburg	32	**22**
Potsdam – Erkner	119	**88,5**
Friedrichstraße – Karlshorst	29	**21,25**
Friedrichstraße – Friedrichshagen	44	**33**
Friedrichstraße – Erkner	61,5	**45,5**
Friedrichstraße – Wannsee	42	**31**
Friedrichstraße – Potsdam	58,5	**43,75**
Friedrichstraße – Kaulsdorf	37	**27,5**
Friedrichstraße – Lichtenberg-Friedrichsfelde	23	**18**
Schlesischer Bahnhof – Grünau	33	**24**
Friedrichstraße – Grünau	43,5	**32,5**
Friedrichstraße – Spindlersfeld	40	**30**
Schöneweide – Spindlersfeld	8	**6**
Friedrichstraße – Spandau West (heute Bln-Spandau)	37	**31,25**
Vollring über Bln Potsdamer Bhf (Potsdamer Platz)	116	**75**

Die Strecke Velten – Hennigsdorf

Porträt einer (fast) vergessenen S-Bahn-Verbindung

Von Roland Ebert und Hans-Joachim Hütter (vb 1983, Seite 122 bis 136)

Ein Novum der Berliner S-Bahn ereignete sich im September 1983 auf der Strecke Velten (Mark) – Hennigsdorf (bei Berlin): Der bestehende elektrische S-Bahn-Betrieb (750 Volt Gleichspannung) wurde aufgegeben und durch einen elektrischen Zugbetrieb (15 Kilovolt, 16 $^{2}/_{3}$ Hertz Wechselspannung) ersetzt. Durchaus ähnliches ereignete sich im Jahre 1929, als die mit 550 Volt Gleichspannung elektrifizierte Strecke Berlin Potsdamer Ringbahnhof – Lichterfelde Ost in das Elektrifizierungsprogramm der Berliner Stadt-, Ring- und Vorortbahnen einbezogen wurde, nur war letztgenannte Strecke als „Versuch" deklariert, aber immerhin nahezu 27 Jahre in Betrieb.

Die Systemumstellung der elektrischen Traktion vom Gleichstromsystem der S-Bahn zum Wechselstromsystem der Fernbahn (kurzzeitig kamen diesellokbespannte Reisezüge zum Einsatz) waren die logische Konsequenz, den seit dem 13. August 1961 bestehenden S-Bahn-Inselbetrieb zwischen Velten und Hennigsdorf aufzugeben und diese Strecke in das elektrische System der Fernbahnelektrifizierung einzubeziehen.

Die Strecke Velten – Hennigsdorf war seit dem Mauerbau auf dem Schienenweg von Berlin aus etwas umständlich zu erreichen: Umsteigen in Birkenwerder und Hennigsdorf Nord mit Zuganschlüssen in unregelmäßigen, ca. einstündigen Abständen. Dieser Umstand mag mit dazu beigetragen haben, daß diese Strecke aus Berliner Sicht als „j. w. d." betrachtet wurde. Daß sie aber dennoch eine bemerkenswerte Vergangenheit hat, sollen die folgenden Ausführungen belegen.

Zur Geschichte der Strecke Berlin – Kremmen

Charakteristisch für das Berliner Eisenbahnnetz sind die sternförmig nach allen Himmelsrichtungen abgehenden Strecken. Mit den bis zum Jahre 1882 (dem Inbetriebnahmejahr der Stadtbahn) eröffneten elf Fernbahnstrecken konnte jedoch das Verkehrsbedürfnis vieler Orte abseits der großen Bahnlinien noch nicht befriedigt werden. Bautätigkeit, neue Industrieansiedlungen und die Bevölkerungsexplosion taten ein übriges, den weiteren Ausbau bzw. die Vervollkommnung des Eisenbahn-Netzes in und um

Ein Zug der Bauart Stadtbahn verläßt die Gleisanlagen der Triebwagenhalle Velten zum Betriebseinsatz auf der Strecke Velten – Hennigsdorf. Links im Bild das Stellwerk Vta (Velten Abstellbahnhof). Foto: Hütter

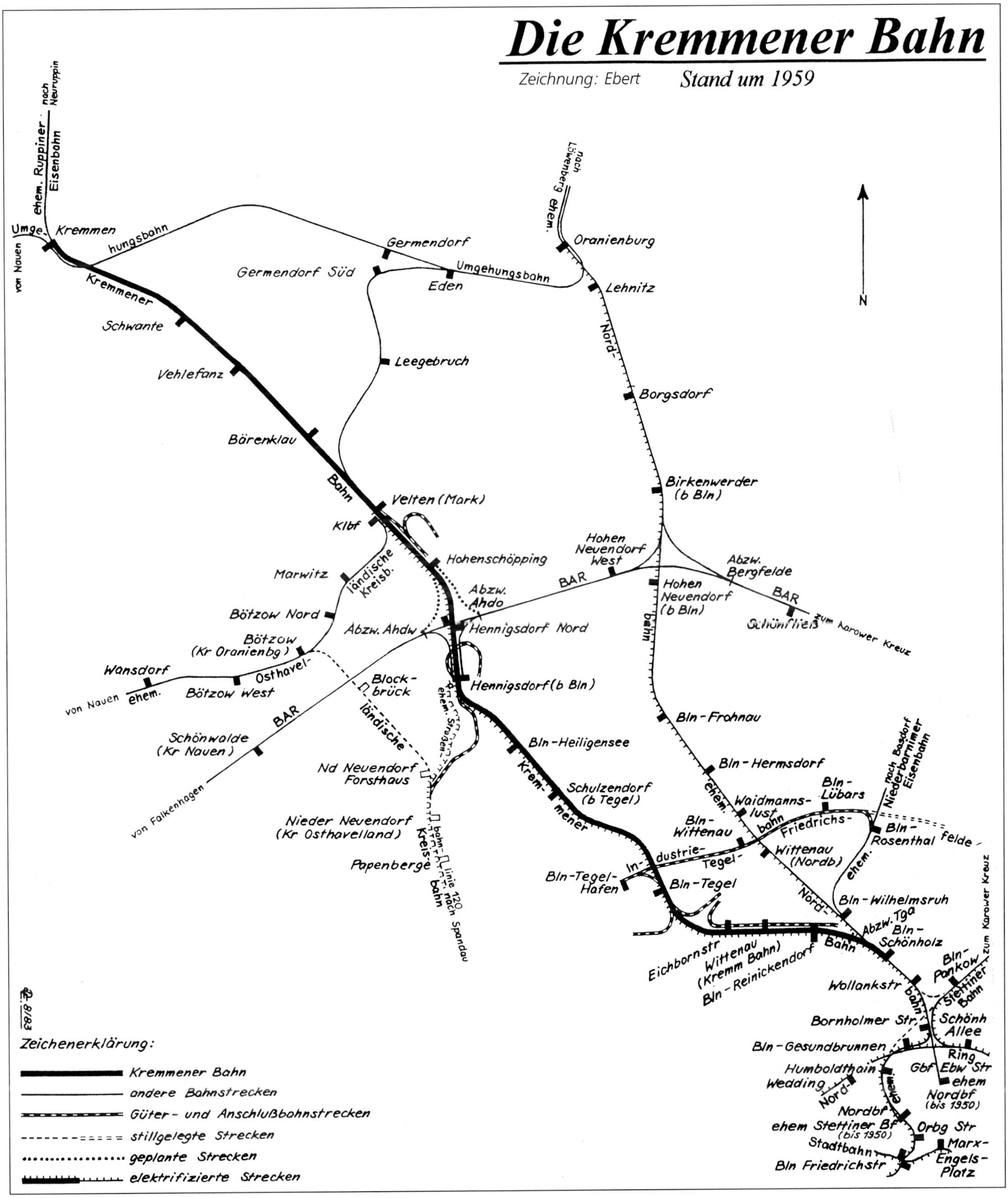

Berlin zu fordern. Dies betraf unter anderem besonders das Gebiet zwischen dem Streckenabschnitt der Nordbahn Stettiner Bahnhof (heute Nordbahnhof) – Schönholz-Reinickendorf – Birkenwerder – Oranienburg (Eröffnung 1877) und dem der Hamburger Bahn zwischen dem Hamburger Bahnhof und Spandau – Seegefeld – Nauen (Inbetriebnahme 1846).

Nach vielen Projekten, die schon um 1840 zeitweilig eine Linienführung der Hamburger Bahn über Hennigsdorf und Neuruppin diskutierten, dann durch das „Gründungscomitee für eine Eisenbahn von Berlin über Schwerin und Lübeck nach Segeberg und Kiel" eine Hauptbahnstrecke vorschlugen, übernahm der preußische Staat – nach der Verstaatlichung der Privatbahnen

Straßenansicht des alten Empfangsgebäudes des Bahnhofs Hennigsdorf (b Bln). Das Gebäude wurde bei der Höherlegung der Gleisanlagen auf einen Damm 1926 ebenfalls erweitert und erfüllte danach noch viele Jahre seinen ursprünglichen Eisenbahnzweck. Es ist heute jedoch abseits der Fahrgastwege und stillgelegt.

Mitte der achtziger Jahre – die Planung und den Bau einer Eisenbahnverbindung von Hennigsdorf nach Velten und Cremmen (seit Inbetriebnahme der Bahn: Kremmen) mit Berlin. Die allgemeinen Vorarbeiten für eine Nebenbahnstrecke wurden im Jahre 1887 durch die Königliche Eisenbahndirektion (KED) Berlin aufgenommen.

Für das Verkehrsbedürfnis und die Wirtschaftlichkeit der neuen Eisenbahnverbindung waren folgende Faktoren ausschlaggebend:

- Einzugsbereich der geplanten Strecke in den damaligen Kreisen Osthavelland und Niederbarnim etwa 350 km^2 mit ca. 30 000 Bewohnern (Stand 1888),
- bisherige Verkehrswege (Berlin – Cremmener Chaussee und zum Teil Havelwasserstraße) sind nur unzureichend nutzbar,
- Güterversand: umfangreiche land- und viehwirtschaftliche Produkte sowie Holz aus den großen Waldgebieten der Tegeler und Falkenhagener Forsten und des Krämers, Ziegelei- und Tonwaren besonders aus der Umgebung von Hennigsdorf und Velten (hier allein um 1890 etwa 35 Ofen- und Tonwarenfabriken und drei Ziegeleien ansässig), Schiffs- und Maschinenbauerzeugnisse aus Tegel,
- im Güterempfang gute Absatzmöglichkeiten zum Beispiel für Kohlen, Eisenwaren, Düngemittel und Kolonialwaren aller Art,
- Erschließung billigen Baulandes für die Berliner Industrie und Bevölkerung in den Vororten.

Am 1. Oktober 1893 wurde der erste Streckenabschnitt von Schönholz-Reinickendorf (heute Berlin-Schönholz) an der Nordbahn über Tegel und Hennigsdorf nach Velten für den Personen- und Güterverkehr, am 20. Dezember des gleichen Jahres die gesamte 33,3 Kilometer lange Strecke bis Kremmen eröffnet. Gleichzeitig bürgerte sich dafür der Name „Kremmener Bahn" ein.

In etwa zweijähriger Bauzeit war eine eingleisige Nebenbahn auf durchgehend eigenem Bahnkörper meist im Geländeniveau errichtet worden. Der kleinste Kurvenradius betrug 350 Meter, die größte Neigung 1 : 120, der maximale Achsdruck 14 Tonnen und die Höchstgeschwindigkeit 30 km/h. Unterwegs gab es sieben bewachte und 35 unbewachte Bahnübergänge. Für die Überquerung der Havel war zwischen Heiligensee und Hennigsdorf der Bau einer größeren Brücke notwendig. Die Empfangsgebäude waren zum Teil recht stattliche gelb-rote Klinkerbauten, die noch heute die Bahnhofsanlagen von Hennigsdorf, Velten, Vehlefanz und Kremmen beherrschen, wenn auch teilweise verputzt oder erweitert.

Die neue Bahnlinie nahm ihren Ausgangspunkt im Bahnhof Schönholz-Reinickendorf (Kilometer 3,9) der bereits zweigleisigen Nordbahnstrecke und hatte folgende Betriebsstellen:

km 6,2	Reinickendorf (Dorf)
km 7,7	Dalldorf (Cremmener Bahn), später Wittenau (Kremmener Bahn)
km 8,4	Eichbornstraße (ab 1. Oktober 1894)
km 11,0	Tegel
km 15,3	Schulzendorf-Heiligensee, später Schulzendorf (b Tegel)
km 17,0	Heiligensee (ab 1. Mai 1897)
km 19,5	Hennigsdorf
km 25,4	Velten (Mark)

Nordwestlicher Streckenendpunkt der Berliner S-Bahn war seit 1927 der Bahnhof Velten. Den für diesen Zweck erhöhten Mittelbahnsteig teilten sich die S-Bahnzüge aus Berlin mit den Vorortzügen nach Kremmen und Neuruppin.
Fotos: Ebert

km 31,0 Vehlefanz
km 33,1 Schwante
km 37,3 Kremmen (Endpunkt)

Von Anfang an wurden alle Züge von und zur Kremmener Bahn über die Gleise der Nordbahn zwischen Berlin Nordbahnhof (vom 1. Februar 1898 zum bzw. ab Berlin Stettiner Vorortbahnhof) und Schönholz-Reinickendorf geführt.

Die ersten Fahrpläne verzeichnen auf der gesamten zur KED Berlin gehörenden Strecke drei Personenzugpaare zwischen Stettiner Bahnhof und Kremmen, die durch sechs Zugpaare zwischen Berlin und Tegel ergänzt wurden. Bis Tegel war gleichzeitig mit der Eröffnung der Bahn der Vororttarif eingeführt worden. Sehr bedeutsam war die Fortführung des Bahnbaus von Kremmen nach Neuruppin durch die private Kremmen-Neuruppin-Wittstokker Eisenbahn AG (KNWE), die ihre Strecke am 21. Dezember 1898 (Güterverkehr) bzw. am 1. Februar 1899 (Personenverkehr) eröffnete. Sofort wurde ein durchgehender Zugverkehr zwischen Berlin und Neuruppin eingerichtet. Velten wurde ebenfalls Anschlußbahnhof durch die am 1. Oktober 1904 eröffnete normalspurige Kleinbahnstrecke der Osthavelländischen Kreisbahnen (OHKB) Velten – Bötzow – Nauen (– Ketzin). Die ehemaligen Anlagen des Kleinbahnhofs auf der Westseite des Staatsbahnhofs sind noch heute gut erkennbar.

Bevölkerungswanderungen in ländliche Gebiete und besonders die sogenannte Randwanderung ganzer Industriebetriebe aus der Berliner Innenstadt (und damit verbunden wiederum einem großen Arbeiter-Pendler-Berufsverkehr) führten zu einem enormen Anstieg der Verkehrsleistungen der Kremmener Bahn. Markantestes Beispiel ist die Ansiedlung der Lokomotivfabrik der Firma Borsig in Tegel 1898 (damals noch weit vor der Stadtgrenze von Berlin) und die Einrichtung der Wohnkolonie Borsigwalde. Deshalb wurde bis 1905 der Streckenabschnitt Schönholz-Reinickendorf – Tegel zweigleisig unter Beseitigung aller Niveaukreuzungen mit dem Straßenverkehr auf einen neuen Bahndamm gelegt sowie die Trennung mit der gleichzeitig viergleisig ausgebauten Nordbahnstrecke niveaufrei gestaltet. Die Kremmener Bahn wurde somit zur einzigen mehrgleisigen Nebenbahn der KED Berlin. Die Höchstgeschwindigkeit war inzwischen auf 50 km/h heraufgesetzt worden. Auf dem eingleisigen Streckenabschnitt Tegel – Velten wurden die Kreuzungsbahnhöfe erweitert, so daß ab 1. Oktober 1910 die gesamte Kremmener Bahn als Hauptbahn mit Vorortverkehr und -tarif bis Velten betrieben werden konnte.

Durch den Anschluß an die Industriebahn Tegel – Friedrichsfelde (ausschließlich Güterverkehr, Eröffnung der Gesamtstrecke am 1. November 1908), den Ausbau des Bahnhofs Kremmen zum niveaufreien Kreuzungspunkt mit der am 1. April 1915 eröffneten Nordwestlichen Berliner Umgehungsbahn Nauen – Kremmen – Oranienburg und vor allem die Neugründung der AEG-Lokomotivfabrik in Hennigsdorf (später: VEB Kombinat Lokomotivbau-Elektrotechnische Werke „Hans Beimler" (KLEW), heute: Adtranz) im Jahre 1912, was wiederum den Bau eines Stahlwerkes nach sich zog, war der Personen- und Güterverkehr auf einem Gleis zwischen Tegel und Velten nicht mehr zu bewältigen. Bedingt durch den Ersten Weltkrieg und seine ökonomischen Folgen konnte die preußische Staatsbahnverwaltung das Verlegen des zweiten Gleises Tegel – Velten jedoch nicht mehr verwirklichen.

Am 1. April 1920 kam die Kremmener Bahn der KED Berlin der Preußischen Staatsbahn (KPEV), wie viele andere Bahnen zur

Typische Relikte der S-Bahn-Zeit auf der Kremmener Bahn: oben das Aufsichtsgebäude in Hennigsdorf (b Bln) in Stahlskelett-Bauweise. Und unten: die klassische „Gewächshaus"-Architektur für Bauten der Berliner S-Bahn kennzeichnet auch den Treppenaufgang zur Fußgängerbrücke im Bahnhof Velten. Fotos: Ebert

Reichsbahndirektion (RBD) Berlin der neu gegründeten Deutschen Reichsbahn. Gleichzeitig lag vom 1. Oktober desselben Jahres an ein wesentlicher Teilabschnitt (bis zum Kilometer 17,5 nördlich des Bahnhofs Heiligensee) auf dem Gebiet des neu gegründeten „Groß-Berlin" Zwischen 1921 und 1927 wurde nun endlich der zweigleisige Ausbau durchgeführt. Dabei schüttete man Dämme nördlich von Tegel bis einschließlich Bahnhof Hennigsdorf an, die zum Teil neben der alten Trasse verlaufen und so niveaufreie Kreuzungen mit dem Straßenverkehr herstellen. Hennigsdorf erhielt hierbei den großzügigsten Neubau-Bahnhof der Strecke. Die Beseitigung dreier verkehrsreicher Straßenübergänge in Schienenhöhe, ein ungewöhnlich breiter Bahnsteig auf dem Damm mit zwei Personentunneln, großzügig erweiterte Empfangs- und Güterverkehrsanlagen für den Berufs- und Ausflugsverkehr sowie für die Anschlußbahnen zur Lokomotivfabrik und zum Stahlwerk sind sichtbare Zeugnisse dieser Erweiterungsarbeiten.

Das Empfangsgebäude des alten ebenerdigen Bahnhofs Hennigsdorf blieb erhalten. Die neue zweigleisige Strecke nördlich von Hennigsdorf bis Velten bleibt im Geländeniveau, jedoch erhielt der Bahnhof Velten einen neuen Mittelbahnsteig mit einer Fußgängerbrücke.

Am 16. März 1927 begann für die Vorortstrecke vom Stettiner Vorortbahnhof (die Dampfzüge fuhren bereits seit dem 1. Februar 1898 von dort ab) über Schönholz-Reinickendorf nach Velten das „elektrische Zeitalter". Es war die dritte der nördlichen Vorortstrecken (nach Bernau 1924 und Oranienburg 1925), auf der der elektische Zugbetrieb aufgenommen wurde. In Tegel und Hennigsdorf wurden (auch architektonisch gut gelungen) Gleichrichterwerke für die Fahrstromversorgung errichtet, in Velten entstanden nördlich des Bahnhofs für die Wartung der neuen elektrischen Triebwagenzüge eine Triebwagenhalle mit Werkstatt-Trakt und Abstellgleise, so daß dort insgesamt zehn S-Bahn-Vollzüge stationiert werden konnten.

Nach Aufnahme des elektrischen Betriebes nach Velten wurde ein Taktfahrplan mit einem Zugabstand von 30 Minuten eingeführt (ab 1936 zwanzigminütig), der im Berufsverkehr zwischen Berlin und Hennigsdorf, wie auch an Sonn- und Feiertagen, bis auf jeweils zehn Minuten verdichtet wurde.

Als dann die Nord-Süd-S-Bahn-Strecke 1939 fertiggestellt war, fuhren alle Züge als Zuggruppe 3 auf der Veltener Strecke bis und ab Mahlow bzw. von 1940 an als Zuggruppe 2 von und nach Lichterfelde Ost. Im Berufsverkehr wurde eine Reisezeit von 42 Minuten zwischen Berlin Stettiner S-Bahnhof und Velten erreicht. Bemerkenswert für die Kremmener Bahn ist der auf den beiden elektrifizierten Gleisen weiterhin durchgeführte gemischte Zugbetrieb von S-Bahn-Zügen, Fernzügen bis nach Neuruppin (die ab 1935 durch die Ruppiner Eisenbahn zum Teil sogar mit Dieseltriebwagen mit einer Fahrzeit von Berlin nach Neuruppin um 70 Minuten gefahren wurden) sowie Nah- und Fern-Güterzügen. Zwischen Velten und Kremmen blieb der Personenverkehr mit etwa 20 Zugpaaren pro Tag wesentlich bescheidener.

Grundlegende Verkehrsveränderungen auf der Kremmener Bahn traten infolge des Zweiten Weltkrieges ein. Nach dem Wiederaufbau der Brücken über das Tegeler Fließ und die Havel bei Hennigsdorf war – nach anfänglichen Teilbetrieben mit längeren Fußmärschen – wieder ein durchgehender elektrischer S-Bahn-Betrieb zwischen Berlin und Velten möglich. Durchgehende Fernzüge nach Kremmen bzw. Neuruppin gab es nicht mehr, Umsteigebahnhof wurde deshalb Velten. 1951 wurde in Velten eine Neubaustrecke von Oranienburg über Eden und Leegebruch unter Nutzung der Umgehungsbahn und einer Anschlußbahnstrekke eingebunden, die einen erweiterten Personenzugverkehr (kein S-Bahn-Tarif) für die Industriebetriebe zum Teil durchgehend bis Hennigsdorf ermöglichte.

Das gleiche gilt für den schrittweise 1953 in Betrieb genommenen, zunächst eingleisigen Abschnitt des Berliner Außenringes (BAR) von Bergfelde über Falkenhagen nach Brieselang. Dieser kreuzt die Trasse der ehemaligen Kremmener Bahn zwischen dem Bahnhof Hennigsdorf und dem Bahnhof Hohenschöpping (Eröffnung 1938 in Kilometer 23,1). Damit konnten die direkten Verkehrsverbindungen für Arbeiter aus Falkensee (bis 1961 der größten Garten-Gemeinde der ehemaligen DDR), Brieselang und Nauen nach Hennigsdorf ohne den Umweg über Berlin bzw. Spandau eingerichtet werden. Dieser bedeutsame Berufsverkehr durch direkte Züge von Falkensee bzw. auch von Oranienburg (über Birkenwerder) ist bis heute ein Charakteristikum des nördlichen Berliner Außenringes und seiner Anschlußstrecken.

Baulicherseits wurden der Beliner Außenring mit zwei eingleisigen Verbindungskurven von Falkenhagen bzw. Bergfelde in Richtung Hennigsdorf angebunden (die anderen geplanten Kurven in Richtung Velten sind nur als Dämme erkennbar), der Kreuzungsbahnhof Hennigsdorf Nord im Kilometer 21,7 mit einem Seitenbahnsteig am Gleis Hennigsdorf–Velten und zwei Seitenbahnsteigen mit kreuzungsfreien Zugängen am BAR neu erbaut (Eröffnung 1958), ein zweiter Bahnsteig im Bahnhof Hennigsdorf errichtet und ein neues (zweites) Empfangsgebäude an der Südwestseite des Bahnhofs um 1960 in Betrieb genommen. Inzwischen ist dieses zweite Empfansgebäude abgerissen und im Jahre 1998 durch einen Neubau ersetzt worden.

Die als Schnellverkehr bezeichneten Züge auf dem nördlichen Berliner Außenring über Hennigsdorf Nord im S-Bahn-Tarifbereich verkehrten seit 1958 für den öffentlichen Verkehr. Der elektrische S-Bahn-Verkehr wurde auf der seit 1945 wieder eingleisigen Strecke Schönholz–Velten als Zuggruppe 3 Velten – Rangsdorf (seit dem 18. Mai 1952) im Gemeinschaftsbetrieb durchgeführt. Zwei Kreuzungsmöglichkeiten im gesamten Abschnitt ließen nur einen Taktfahrplan von 30 Minuten zu, der damit eine Besonderheit im elektrischen Berliner S-Bahn-Netz (Taktzeit 20 bzw. 40 Minuten) darstellte.

Der Zeitabschnitt 1961 bis 1983

● ***Die Betriebsführung***

Der Bau der Mauer am 13. August 1961 hatte zur Folge, daß der Zugbetrieb mit S-Bahn-Zügen nur noch zwischen Velten und Hennigsdorf erfolgte. Während die ebenfalls vom übrigen S-Bahn-Netz abgeschnittene Strecke Oranienburg – Hohen Neuendorf in der Folgezeit über den Berliner Außenring am Karower Kreuz wieder angebunden wurde, verzichtete die Deutsche Reichsbahn bei der Veltener Strecke auf ein derartiges Vorhaben.

Die Bahnhöfe Hennigsdorf und Hennigsdorf Nord boten den Reisenden Umsteigemöglichkeiten in und aus Richtung Berlin bzw. Falkensee. Die aus Richtung Kremmen kommenden Reisezüge (Triebwagen der Baureihe 172, heute Baureihen 771/772) endeten in Velten, lediglich im Berufsverkehr fuhr ein lokbespannter Zug zwischen Kremmen und Hennigsdorf. Im Bedarfsfall wurden auch Güterzüge über den elektrischen Streckenabschnitt geführt, die entweder in der nächtlichen Betriebspause oder in ausreichend langen Zugpausen der S-Bahn am Tage verkehrten. Die von Velten ausgehenden Strecken nach Nauen und Oranienburg wurden 1965 bzw. Anfang der siebziger Jahre stillgelegt. Die Strecke Nauen – Kremmen – Oranienburg wurde dagegen weiterhin von Güterzügen, vereinzelt auch von Sonderfahrten des ehemaligen Deutschen Modellbahn-Verbandes der DDR genutzt.

Mit dieser Entscheidung, den Streckenabschnitt Velten – Hennigsdorf nicht an das übrige elektrische S-Bahn-Netz anzubinden, gab es fortan einen elektrischen S-Bahn-Inselbetrieb nordwestlich von Berlin. Technisch war der Zugverkehr durch das in Hennigsdorf gelegene Unterwerk und die Triebwagenhalle in Velten zur Wartung und Instandhaltung der Züge abgesichert.

Die Strecke Velten – Hennigsdorf ist auch heute noch durchgehend eingleisig. Die Haltepunkte Hohenschöpping und Hennigsdorf Nord sind außer Betrieb. Wegen der Eingleisigkeit konnte zwischen Velten und Hennigsdorf stets nur ein S-Bahn-Zug mit der Zuggruppen- und Umlaufbezeichnung „V1" eingesetzt werden. So lange noch die Blockstelle „Jägerberg" (zwischen Hennigsdorf Nord und Hohenschöpping gelegen) bestand und die Strecke damit sicherungstechnisch in etwa zwei gleich lange Abschnitte unterteilte, verkehrte im Berufsverkehr zwischen Hennigsdorf und Hennigsdorf Nord zusätzlich ein Pendelzug mit der Bezeichnung „V2". Der V2 konnte somit nur verkehren, wenn sich der V1 zwischen Velten und der Blockstelle Jägerberg befand. Beide Züge verkehrten aber nie, wie es sonst bei der Berliner S-Bahn üblich ist, in einem 20-Minuten-Takt.

Ihre Fahrzeiten hatten sich stets nach den herzustellenden Zuganschlüssen in Hennigsdorf Nord zu den dort ankommenden und abfahrenden Zügen zu richten. Der Pendelzug V2 verkehrte erstmalig am 12. April 1966 und am 28. September 1969 zum letzten Mal. Am 28. Juni 1973 wurde die Blockstelle Jägerberg aufgegeben, Pendelfahrten sind seitdem nicht mehr möglich.

Der Einmannbetrieb (EMB) wurde zwischen Velten und Hennigsdorf am 1. August 1968 aufgenommen. Von allen Berliner S-Bahn-Strecken im Ostteil der Stadt und dem angrenzenden Umland war es die letzte, auf der die neue Betriebsweise Eingang fand.

Erwähnt sei auch noch die Technologie zum Schwächen bzw. Verstärken der Züge. Gegen 8.00, 13.00 und 17.00 Uhr war in Velten eine größere Pause vorgesehen, in der der Zug zur Triebwagenhalle fuhr und auf einem der Gleise die zweite Zughälfte zu- oder weggesetzt wurde. Außerhalb des Berufsverkehrs kam

Schon lange Geschichte ist: ein S-Bahnzug der Baureihe 275 an der ehemaligen Blockstelle Jägerberg (zwischen den Bahnhöfen Hennigsdorf Nord und Hohenschöpping). Links neben dem ehemaligen Blockstellengebäude verläuft der Damm einer geplanten, aber nie gebauten Verbindungskurve vom Abzweig Ahdo (Hennigsdorf Ost) in Richtung Velten. Foto: Ebert

Die Neuentwicklung des damaligen LEW Hennigsdorf auf Probefahrt. Im Bahnhof Velten startet am 1. April 1980 ein Zug der Baureihe 270 (heute Baureihe 485) zu einer Meßfahrt nach Hennigsdorf. Fotos: Hütter

ein Halbzug (vier Wagen) zum Einsatz. Im Berufsverkehr wurde bis in die siebziger Jahre ein Vollzug (acht Wagen) eingesetzt, später nur noch ein Dreiviertelzug (sechs Wagen) und ab ca. 1980 ganztägig nur noch ein Halbzug. Der Pendelzug V2 verkehrte stets als Viertelzug (zwei Wagen), bestehend aus Trieb- und Steuerwagen.

● *Der Wagenpark*

Während in den ersten Jahren des elektrischen Zugbetriebes die Versuchszüge und die Bauarten 1924 und 1925 (spätere Baureihen 169 und 168) auf der Strecke nach Velten das Bild bestimmten, dominierten später die „Stadtbahnwagen" Baureihe 275 (heute Baureihe 475) des S-Bw Stettiner Bahnhof, später Nordbahnhof und der Triebwagenhalle Velten.

Seit August 1961 befanden sich in der Veltener Triebwagenhalle gleichzeitig sechs Viertelzüge zur Aufrechterhaltung des elektrischen Zugverkehrs. Eine Ausnahme stellt lediglich der Zeitraum dar, in dem der Zug V2 zum Einsatz kam: zwei Viertelzüge der Baureihe 276.0 mit Steuerwagen (früher Baureihe 166) stationierte man in Velten zusätzlich.

Die Instandhaltungsarbeiten wurden ausschließlich in der Triebwagenhalle Velten ausgeführt, die seit Anfang der sechziger Jahre dem S-Bw Friedrichsfelde (vorher dem S-Bw Nordbahnhof) verwaltungsmäßig unterstand. Während die planmäßigen Arbeiten das eigene Personal vornahm, gab die Triebwagenhalle Oranienburg personelle Unterstützung bei außerplanmäßigen Reparaturen.

Problem war die Umsetzung der S-Bahn-Züge von und nach Berlin, weil dies wegen der elektrischen Insellage nie mit eigener Kraft erfolgen konnte. Ein Triebfahrzeug der Deutschen Reichsbahn mußte bereitgestellt werden, das die auszutauschenden S-Bahn-Züge zwischen Hennigsdorf und Birkenwerder beförderte.

● *Der Einsatz von Versuchsfahrzeugen*

Zwischen Velten und Hennigsdorf sind im Verlaufe der letzten 20 Jahre zwei bemerkenswerte Versuche für Fahrzeuge der Berliner S-Bahn gelaufen. Auf den ersten Blick mag es verwunderlich klingen, daß ausgerechnet auf dieser Strecke – sozusagen „fernab vom Schuß" – Versuche gefahren wurden. S-Bahn-Fahrzeuge mit Versuchsanlagen werden nämlich seit jeher in einem zentral in Berlin gelegenen S-Bahn-Betriebswerk beheimatet, weil so für die verschiedenen, an den Versuchen beteiligten Institutionen optimale Arbeitsbedingungen und kurze Anfahrwege bestehen. An beiden erwähnten Versuchen, die auf der Strecke Velten–Hennigsdorf stattfanden, hatte aber das damalige KLEW Hennigsdorf ein besonderes Interesse. Der schnelle Zugang zu den Versuchsfahrzeugen war die Voraussetzung dafür, rasch Entscheidungen im Sinne der effektivsten Nutzung der Erprobungszeit fällen zu können. Der gleiche Effekt traf natürlich auch auf Änderungen an den Versuchsfahrzeugen zu.

Zunächst waren es Versuche mit einem S-Bahn-Viertelzug mit luftgefederten Drehgestellen, dann die Versuche mit der Impulssteuerung für Gleichstromfahrzeuge als Vorab-Erprobung für die neuen Berliner S-Bahn-Fahrzeuge der heutigen Baureihe 485 (frü-

In den siebziger Jahren wurde die Strecke Velten – Hennigsdorf zeitweilig für Versuchsfahrten mit Fahrzeugen einer neuen Antriebstechnik reserviert. Am 6. August 1975 macht ein „Versuchsviertel" für die Gleichstromstellertechnik im Bahnhof Hennigsdorf Nord Halt.

here Baureihen-Bezeichnung 270) und die Probe- und Meßfahrten des Bau-Musterzuges dieser Baureihe.

● ***Versuche mit Luftfederung***
In Zusammenarbeit mit dem Institut für Schienenfahrzeuge Berlin-Bohnsdorf und dem RAW Berlin-Schöneweide wurde Anfang der 60er Jahre ein luftgefedertes Drehgestell entwickelt. Parallel hierzu lieferte die Industrie der DDR die nötige Druckluftausrüstung und die Luftfederbälge. Fünf S-Bahn-Wagen wurden mit diesen luftgefederten Drehgestellen ausgerüstet und erprobt. Die aus diesen Erprobungen gewonnenen Erkenntnisse mündeten in einem überarbeiteten Projekt, das 1965 vorlag und im Viertelzug 165 111 realisiert wurde. Dieser Zug wurde in Velten stationiert, um hier dem KLEW Hennigsdorf die Möglichkeit zu geben, die Erprobung der Luftfederung für eigene Fahrzeugentwicklungen nutzen zu können.

Dieser Viertelzug verkehrte ohne Beanstandungen bis 1972 auf dieser Strecke. Aus den unterschiedlichsten Gründen wurde diese Entwicklung abgebrochen und der Versuchs-Viertelzug auf die Regelausführung zurückgebaut.

● ***Vorabversuche zur BR 485 (ex BR 270)***
Bereits in den 60er Jahren zeichneten sich international technische Möglichkeiten ab, den verlustbehafteten Anfahrvorgang bei Gleichstrom-Triebfahrzeugen durch eine elektronische Steuerung abzulösen. Auch das KLEW Hennigsdorf arbeitete an diesem Problem, das bis zum Bau neuer S-Bahn-Züge gelöst werden sollte.

● ***Der erste Versuchszug***
Im Jahre 1969 waren dann die Entwicklungarbeiten im KLEW so weit fortgeschritten, daß erste praktische Versuche möglich wurden.

KLEW und Deutsche Reichsbahn verständigten sich darauf, daß die praktischen Versuche auf den Strecken der Berliner S-Bahn am effektivsten sind, und aus Gründen des raschen Zugriffes wurde die vor der „Haustür" liegende Strecke Velten – Hennigsdorf ausgewählt. Um nun diese Versuche durchführen zu können, stellte die Deutsche Reichsbahn den Viertelzug 165 121 zur Verfügung. Im Triebwagen wurde die Inneneinrichtung entfernt und die neue Zugsteuerung im Fahrgastraum installiert. Sie war so bemessen, daß eine Motorgruppe (ein Drehgestell) damit angesteuert werden konnte.

Die Versuche wurden in den nächtlichen Betriebspausen in der Triebwagenhalle Velten und zwischen Velten und Hennigsdorf durchgeführt. Sie hatten zum Ziel, die elektronische Steuerung auf ihre Funktionssicherheit und in Abhängigkeit verschiedener Entfernungen zum Unterwerk (Spannungsabfall) zu testen, verschiedene Schaltungsvarianten zu erproben und die Beeinflussung sicherungs- und fernmeldetechnischer Anlagen zu untersuchen.

Für den Versuchsbetrieb wurde der Erprobungs-Viertelzug mit dem Viertelzug 165 497 gekuppelt, damit von beiden Enden der Zugeinheit die Streckenbeobachtung möglich war. Außerdem sollte der letztgenannte Viertelzug zu Hilfsleistungen herangezogen werden, wenn etwa die elektronische Steuerung versagte.

Der normalerweise einzige Zug der Zuggruppe V1 im Kreuzungsbahnhof Hennigsdorf Nord im Jahre 1983. Über beidseitig angeordnete Treppen eilen Reisende zu den obenliegenden Seitenbahnsteigen für die „Sputnikzüge" auf dem Berliner Außenring. Fotos: Ebert

Im Oktober 1971 war diese erste Erprobungsphase elektronisch gesteuerter Gleichstromfahrzeuge abgeschlossen.

● *Der zweite Versuchszug*

Die mit dem ersten Versuchszug gewonnenen Erfahrungen veranlaßten das KLEW und die Deutsche Reichsbahn, einen zweiten, leistungsfähigeren Versuchszug aufzubauen, um die elektronische Steuerung unter annähernd den Leistungsparametern testen zu können, die für S-Bahn-Züge in Betracht kommen. Das KLEW arbeitete ein entsprechendes Projekt aus, und in Abstimmung mit der Reichsbahn wurde ein mit allen Achsen angetriebener Versuchszug, bestehend aus den kurzgekuppelten Triebwagen 275 657 und 275 731, aufgebaut. Ohne hier auf die technischen Einzelheiten einzugehen, wies dieser Zug in mehrfacher Hinsicht äußerliche Merkmale eines Versuchszuges auf.

Beide kurzgekuppelten Triebwagen erhielten einen Übergang an den Stirnseiten der Kurzkupplungsseite, damit für das Versuchspersonal das Umsteigen von einem Wagen zum anderen auf freier Strecke erleichtert wurde. Außerdem wurden bei einem Triebwagen Widerstände auf dem Dach installiert, mit denen die Steuerung auch im Stand erprobt werden konnte. Der zweite Triebwagen erhielt einen Dachstromabnehmer. Damit konnten die ersten Probefahrten auf der nur mit einer Oberleitung ausgerüsteten Versuchsstrecke auf dem Gelände des KLEW erfolgen. Nachdem der Zug ausgerüstet war und seine ersten Fahrversuche auf dem Werkgleis des KLEW Hennigsdorf unternommen hatte, kam er im Oktober 1974 zur Triebwagenhalle Velten, um hier die üblichen Pflegearbeiten im lauf- und bremstechnischen Bereich der Fahrzeuge durchführen zu können. Die Versuchsfahrten fanden im Gegensatz zu denen mit dem ersten Versuchszug vorwiegend am Tage statt. Es hatte sich nämlich beim ersten Versuchszug gezeigt, daß die kurze nächtliche Betriebspause keine effektive Erprobung erlaubt. Im Interesse einer möglichst kurzen Entwicklungszeit für ein derartiges Projekt veranlaßte die Deutsche Reichsbahn die Streckensperrung und die Einrichtung eines Schienen-Ersatzverkehrs.

Um das Verhalten der elektronischen Steuerung ging es auch, als am 26. März 1976 einmalig der erste und der zweite Versuchszug gekuppelt wurden und auf der Strecke zwischen Velten und Hennigsdorf verkehrten. Im November 1976 waren die wesentlichsten Erprobungskomplexe zur Leistungs- und Informationselektronik abgeschlossen.

● *Die Erprobung der Baureihe 485 (ex Baureihe 270)*

Im Jahre 1979 baute das KLEW den ersten 8-Wagen-Zug der BR 270 für die Berliner S-Bahn. Die Wagen stellte das KLEW viertelzugweise fertig und unterzog sie dann der Endprüfung. Als der erste Zug 270 001/002 die Endprüfung bestanden hatte, begannen aufgrund einer Vereinbarung mit der DR am 25. Februar 1980 die Probefahrten zwischen Velten und Hennigsdorf.

Der Einsatz dieses Viertelzuges auf der genannten Strecke war in betrieblicher Hinsicht eine Besonderheit. Die kleinste Zug-

Am südwestlichen Vorplatz des Bf Hennigsdorf (b Bln) endete bis 1945 die Straßenbahn-Linie 120 aus Berlin-Spandau.Das Gebäude von 1960 diente insbesondere dem Berufsverkehr. Heute steht an dessen Stelle ein moderner Bahnhof mit Einkaufszentrum.

einheit besteht bei der BR 270 aus Trieb- und Beiwagen, letzterer ohne Führerstand. Derartige Viertelzüge werden bei der Berliner S-Bahn nicht auf die freie Strecke gelassen, im Interesse einer effektiven Erprobung dieser BR entschied man sich in diesem Fall aber für einen derartigen Einsatz. Um Rückwärtsfahrten zu sichern, wurde von der ersten Tür des Beiwagens aus die Strecke beobachtet. Im Gefahrenfall konnte der Zug durch Ziehen der Notbremse zum Halten gebracht werden. Dieses Provisorium war nach Zuführung des zweiten Viertelzuges 270 003/004 am 1. April 1980 beseitigt.

Ausblick – aus damaliger Sicht

Am 21. September 1983 verkehrte letztmalig zwischen Velten und Hennigsdorf ein traditioneller Berliner S-Bahn-Zug. Sicherlich war es in jener Zeit ungewöhnlich, daß der Betrieb mit den attraktiven Berliner S-Bahn-Zügen reduziert wurde und an deren Stelle Reisezugwagen treten. Schon allein wegen der geringen Anzahl der Türen, der Einsteigesituation und der teilweisen Enge in den Auffangräumen konnten solche Züge für einen S-Bahn-Betrieb, wie ihn Berlin kennt, kein gleichwertiger Ersatz sein. Andererseits waren aber die Gründe, die die Reichsbahn zur Systemumstellung veranlaßten, so gewichtig, daß der „Attraktivitätsverlust" gerechtfertigt schien.

An erster Stelle ist steht hier der elektrische Inselbetrieb. Er ist wegen seiner begrenzten Anzahl an Fahrzeugen nicht so disponibel , weil zu deren Zuführung stets fremde Hilfe in Form eines anderen Triebfahrzeuges nötig war. Auf Abruf stand in unmittelbarer Nähe zum Inselbetrieb Velten – Hennigsdorf kein Triebfahrzeug bereit. Ein weiterer Grund lag in der Instandhaltung. Bei einem Bestand von sechs Viertelzügen sind im Regelfall nur wenige Beschäftigte erforderlich. Treten jedoch größere Schäden an den Fahrzeugen auf (z. B. an Fahrmotoren oder Achsen), stieg der Arbeitsanfall für die wenigen Mitarbeiter gewaltig und konnte oft nur durch die Anforderung von Mitarbeitern der Triebwagenhalle Oranienburg bewältigt werden. Ersatzteile für die Fahrzeuge konnten nicht durch S-Bahn-Werkstattzüge angeliefert, sondern mußten, wenn überhaupt möglich, mit LKW befördert werden.

Neben anderen Gründen für die Traktionsumstellung war die Tatsache entscheidend, daß der BAR und die von ihm in Hennigsdorf einmündenden Verbindungsstrecken an die Fernbahn-Elektrifizierung angeschlossen wurden. Der Bahnhof Hennigsdorf hätte wegen der sich mit den der S-Bahn kreuzenden Gleise einen gewaltigen technischen Umschaltaufwand notwendig gemacht.

Nach Abwägen sämtlicher Argumente sprachen viele Faktoren für eine Spannungsumstellung, und so verkehrte am 21. September mit Ps 35 024 um 1.25 Uhr ab Hennigsdorf der letzte S-Bahn-Zug, der pünktlich um 1.33 Uhr in Velten eintraf.

Umschaltarbeiten in der Fahrleitungsanlage machten zeitweilig den Einsatz diesellokbespannter Züge notwendig. Seit dem 18. Dezember 1998 verkehrt die S-Bahn aus Richtung Berlin kommend wieder bis Hennigsdorf. Wird sie auch eines Tages wieder bis Velten fahren?

Bücher zum Thema Verkehr aus dem GVE-Sortiment

Verkehrspolitik • Eisenbahnverkehr

Bernd Kuhlmann: **Peenemünde. Das Raketenzentrum und seine Werkbahn**
144 Seiten, ca. 150 s/w-Abb., Format A5, kart., Verlag GVE, 3. Aufl., Berlin 1998, **DM 16,80**

Winfried Wolf: **Berlin - Weltstadt ohne Auto?** 400 Seiten, 20 s/w-Abbildungen, 1 Karte A1 gefaltet auf A5, Format A5, kartoniert, Neuer ISP Verlag, Köln 1994, **DM 35,-**

Winfried Wolf: **„Stuttgart 21" - Hauptbahnhof im Untergrund.** 96 Seiten, 25 s/w-Abb., Format A5, kartoniert, Verlag GVE, Berlin und Köln. 2. Auflage 1996, **DM 9,80**

Bernd Kuhlmann: **Eisenbahn-Größenwahn in Berlin. Die Planungen von 1933 bis 1945**
104 Seiten, 72 s/w-Abb., Format B5, kart., Verlag GVE, Berlin, 3. Auflage 1998, **DM 12,80**

Bernd Kuhlmann: **Schönefeld bei Berlin. Ein Amt, ein Flughafen und elf Bahnhöfe**
104 Seiten, 101 s/w-Abb., Format B5, kartoniert, Verlag GVE, Berlin 1996, **DM 12,80**

Deutscher Bahnkunden-Verband (Hrsg): **130 Jahre Ostbahn. Berlin–Königsberg–Baltikum**
120 Seiten, 133 s/w-Abb., Format 21 x 21 cm, kartoniert, Verlag GVE, Berlin 1997, **DM 16,80**

Bernd Kuhlmann: **Brisante Zugfahrten auf Schienen der DR. Geheime Technik, gefährliche Frachten, »Rote Prominenz«.** 144 Seiten, 110 s/w-Abbildungen, Format A5, kartoniert, Verlag GVE, Berlin, 1999, DM **16,80**

Bernd Kuhlmann: **Züge durch Mauer und Stacheldraht**
144 Seiten, 160 s/w-Abbildungen, Format B5, kartoniert,
Verlag GVE, Berlin, 3. Auflage 1998, DM **16,80**

Berliner Eisenbahnfreunde e.V.: **Auf der Heidekrautbahn**
80 Seiten, 80 s/w-Abbildungen, Format 15 x 21 cm, kartoniert,
Verlag GVE, Berlin 1998, **DM 9,80**

Gila Altmann, Heiner Monheim, Albert Schmidt, Bernhard Strowitzki, Winfried Wolf:
Einmal Chaos und zurück. Wege aus der Verkehrsmisere
144 Seiten, div. s/w-Abbildungen, Format 15 x 21 cm, kartoniert,
Neuer ISP Verlag, Köln 1998, **DM 16,80**

S-Bahn-Verkehr

Berliner S-Bahn-Museum (Hrsg.): **Nord-Süd-Bahn. Vom Geistertunnel zur City-S-Bahn/ Die Flutung des Berliner S-Bahn-Tunnels in den letzten Kriegstagen.**
120 Seiten, 120 s/w-Abbildungen, Format B5, kartoniert,
Verlag GVE, Berlin 1999, zusammengefaßte und erweiterte Neuauflage, **DM 16,80**

Berliner S-Bahn-Museum: **Die Stadtbahn. Ein Viadukt mitten durch Berlin**
144 Seiten, ca. 180 s/w-Abbildungen, Format B5, kartoniert,
Verlag GVE, 3. Auflage, Berlin 1998, **DM 16,80**

S-Bahn Berlin GmbH (Hrsg): **Berliner S-Bahn. 70 Jahre Hauptwerkstatt Schöneweide**
96 Seiten, 120 s/w-Abbildungen, Format 21 x 21 cm, kartoniert,
Verlag GVE, Berlin 1997, **DM 12,80**

S-Bahn Berlin GmbH (Hrsg): **70 Jahre S-Bahn-Betriebswerkstatt Friedrichsfelde**
20 Seiten, 20 s/w-Abbildungen, Format 13 x 21 cm,
Verlag GVE, 2. Auflage, Berlin 1998, **DM 3,90**

Berliner S-Bahn-Museum (Hrsg.):
75 Jahre Berliner S-Bahn. Vorsicht Hochspannung!
Strom für »zügigen« Großstadtverkehr
96 Seiten, 120 s/w-Abbildungen, Format A4, kartoniert,
Verlag GVE, Berlin 1999, **DM 16,80**

Verkehrsgeschichtliche Blätter e.V.:
75 Jahre Berliner S-Bahn. Strom statt Dampf!
Die Große Zeit der Elektrisierung
80 Seiten, 100 s/w-Abbildungen, Format A4, kartoniert,
Verlag GVE, Berlin 1999, **DM 16,80**